职业教育改革与创新系列教材
首届全国机械行业职业教育优秀教材
机械工业出版社精品教材

焊工识图习题集

第 2 版

主　编　胡建生
副主编　段　旭
参　编　宋剑虹　杨家丰
主　审　史彦敏

机 械 工 业 出 版 社

本书与胡建生主编的《焊工识图》(第2版)配套使用。本书配有两种版本的《(焊工2版)焊工识图教学软件》,免费供任课教师使用。教学软件包括备课和讲解习题的"习题答案",由任课教师掌控、可提供给学生的"二维码"答案,以及"电子教案""模拟试卷""试卷答案""评分标准"等。凡在2020年11月前实施的制图国家标准,全部在本书中予以贯彻。

  凡使用本书作为教材的教师,可登录机械工业出版社教育服务网(http://www.cmpedu.com)免费下载本书的配套资源。咨询电话:010-88379375。

  本书按60~80学时编写,适用于职业院校焊接技术应用专业的制图课教学,也可供制图培训班及焊接一线技术工人学习或参考。

图书在版编目(CIP)数据

焊工识图习题集/胡建生主编. —2版. —北京:机械工业出版社,2021.1(2025.8重印)
职业教育改革与创新系列教材　首届全国机械行业职业教育优秀教材
机械工业出版社精品教材
ISBN 978-7-111-67132-9

Ⅰ. ①焊… Ⅱ. ①胡… Ⅲ. ①焊接-识图-职业教育-习题集　Ⅳ. ①TG4-44

中国版本图书馆 CIP 数据核字(2020)第 260691 号

机械工业出版社(北京市百万庄大街22号　邮政编码100037)
策划编辑:王莉娜　责任编辑:王莉娜　赵文婕
责任校对:刘雅娜　封面设计:张　静
责任印制:张　博
北京机工印刷厂有限公司印刷
2025年8月第2版第7次印刷
260mm×184mm·9.5印张·232千字
标准书号:ISBN 978-7-111-67132-9
定价:29.90元

电话服务　　　　　　　　　网络服务
客服电话:010-88361066　　机　工　官　网:www.cmpbook.com
　　　　　010-88379833　　机　工　官　博:weibo.com/cmp1952
　　　　　010-68326294　　金　书　网:www.golden-book.com
封底无防伪标均为盗版　　　机工教育服务网:www.cmpedu.com

前　　言

本书是为胡建生主编的"首届全国机械行业职业教育优秀教材"《焊工识图》（第2版）配套而编写的。本次修订按60~80学时编写，适用于职业院校焊接技术应用专业的制图课教学，也可供制图培训班及焊接一线技术工人学习或参考。

本次修订着重考虑了以下几点：

1）《技术制图》和《机械制图》国家标准是绘制机械图样和制订制图教学内容的根本依据。本次修订全面采用现行国家标准，凡在2020年11月之前颁布实施的制图标准和相关标准，全部在本书中予以贯彻。

2）针对职业教育的特点和在校生的实际状况，强化应用性、实用性方面技能的训练。本次修订主要对部分图例和配套资源进行修改、补充和完善。为解决一般制图考试偏重补视图、补漏线，忽视制图国家标准基本规定的问题，编者在本书中增加了填空题、选择题和判断题，既可作为学生的练习题，也为教师出考题提供了方便。在教学中应适当减少尺规图作业次数，适当降低手工绘图的质量要求。

3）为本书设计了三种习题答案。

① 教师备课用习题答案。部分习题的答案不是唯一的。根据教学需求，为任课教师编写了PDF格式的教学参考资料，即包含所有题目的"习题答案"，任课教师可单独打印，以便于备课。

② 教师讲解习题用答案。根据不同题型，将每道题的答案，分成单独答案、包含解题步骤的答案、配置133个三维实体模型、轴测图、动画演示等多种形式，按章节链接在教学软件中。在每节目录的PPT页面中，单击"习题答案"按钮，即可弹出各章所有习题的"答案按钮页"，教师可任意打开某道题的题号，结合三维模型进行讲解、答疑。

③ 学生用习题答案。在习题集中，每道题都给出了单独的答案并对应一个二维码。习题集配有532个二维码，其中128道题配有动画演示、有解说的二维码，即一题双码。习题集中没有印刷二维码，而将二维码交由教师掌控。任课教师根据教学进程和教学的实际状况，可随时选择某道题的二维码，发送给任课班级的群或某个学生，学生通过扫描二维码，即可看到有解说的动画演示、解题步骤或答案。本书中标有▓符号的，提示此题有单独答案的二维码，标有●符号的，是配有讲解配音的二维码；同时标有两种符号的，即一题双码。

4）提供两种版本的教学软件。为方便教师使用，制作了两种版本的教学软件，即《（焊工2版）焊工识图教学软件（AutoCAD版）》和《（焊工2版）焊工识图教学软件（CAXA版）》。由于中望机械CAD与AutoCAD全面兼容，使用中望机械CAD软件的教师下载《（焊工2版）焊工识图教学软件（AutoCAD版）》，亦可无障碍使用。

本书的所有配套资源都在《（焊工2版）焊工识图教学软件》文件夹中。凡使用本书作为教材的教师，可登录机械工业出版社教育服务网（http://www.cmpedu.com）免费下载本书的配套资源，咨询电话：010-88379375。

本书由胡建生教授主编并统稿。参加编写的有：胡建生（编写第一章、第二章、第三章）、宋剑虹（编写第四章、第五章）、杨家丰（编写第六章）、段旭（编写第七章、第八章、第九章）。

本书由史彦敏教授主审。参加审稿的还有陈清胜教授、王春华副教授、张玉成副教授。参加审稿的各位专家提出了许多宝贵的修改意见和建议，在此对各位专家表示衷心的感谢。

欢迎任课教师和读者批评指正，并将意见或建议反馈给我们（主编QQ：1075185975；责任编辑QQ：945686378）。

编　者

目 录

前 言

第一章 制图的基本知识和技能 …………………………………………………………… 1

第二章 投影基础 …………………………………………………………………………… 20

第三章 组合体 ……………………………………………………………………………… 44

第四章 轴测图 ……………………………………………………………………………… 70

第五章 图样的基本表示法 ………………………………………………………………… 78

第六章 机械图样常用的表示法 …………………………………………………………… 105

第七章 金属焊接图 ………………………………………………………………………… 122

第八章 焊接结构装配图的识读 …………………………………………………………… 127

第九章 展开图 ……………………………………………………………………………… 137

参考文献 ……………………………………………………………………………………… 145

第一章　制图的基本知识和技能

1-1 填空题

班级　　姓名　　学号

1-1-1 填空回答问题。

（1）将 A0 幅面的图纸裁切三次，应得到（　　）张图纸，其幅面代号为（　　）。

（2）要获得 A4 幅面的图纸，需将 A0 幅面的图纸裁切（　　）次，可得到（　　）张图纸。

（3）A4 幅面图纸的尺寸（$B \times L$）是（　　×　　）；A3 幅面图纸的尺寸（$B \times L$）是（　　×　　）。

（4）用放大一倍的比例绘图，在标题栏的比例项中应填写（　　）。

（5）1∶2 是放大比例还是缩小比例？（　　）

（6）若采用 1∶5 的比例绘制一个直径为 $\phi 40$ 的圆，其绘图直径为（　　）。

1-1-2 填空回答问题。

（1）国家标准规定，绘制图样时，应优先采用代号为（　　）至（　　）的基本幅面，共（　　）种。

（2）一般情况下，标题栏中的文字方向为（　　）方向。

（3）为了使图样复制和缩微摄影时定位方便，均应在图纸各边的中点处分别画出对中符号，对中符号用（　　）绘制，长度从纸边界开始，画入图框内约（　　）mm。

（4）绘制指示看图方向的方向符号时应采用（　　）。

（5）为了明确绘图与看图的方向，必须在图纸幅面下边的对中符号处画出一个方向符号。这句话对吗？（　　）

（6）同一产品的图样只能采用（　　）种图框格式。

（7）机械图样中的角度尺寸一律（　　）方向注写。

1-1-3 填空回答问题。

（1）国家标准规定，图样中汉字应写成（　　）体，汉字字宽约为字高 h 的（　　）倍。

（2）字体的号数，即字体的（　　）。"4" 号是国家标准规定的字高吗？（　　）

（3）国家标准规定，可见轮廓线用（　　）表示；不可见轮廓线用（　　）表示。

（4）在机械图样中，粗线和细线的线宽比例为（　　）。

（5）在机械图样中一般采用（　　）作为尺寸线的终端。

（6）图样上标注的尺寸，一般由（　　）组成。

（7）零件的真实大小应以图样上（　　）为依据，与图形的大小及绘图的准确度有关吗？（　　）

1-1-4 填空回答问题。

（1）在机械图样中标注直径时，应在尺寸数字前加注 "R" 还是 "ϕ"？（　　）

（2）标注球直径时，应在尺寸数字前加注（　　）。

（3）标注半径尺寸时，（　　）必须通过圆心。

（4）圆弧和直线连接时，连接点在（　　）。

（5）圆弧和圆弧连接时，连接点在（　　）。

（6）斜度是用比例法画出（　　）获得的。

（7）锥度是用比例法画出（　　）获得的。

（8）国家标准规定，标注板状零件厚度时，必须在尺寸数字前加注厚度符号（　　）。

1-2 选择题

1-2-1 选择回答问题。

（1）制图国家标准规定，图纸幅面尺寸应优先选用（ ）种基本幅面尺寸。
  A. 3   B. 4   C. 5   D. 6

（2）某产品用放大一倍的比例绘图，在其标题栏比例项中应填（ ）。
  A. 放大一倍   B. 1×2   C. 2/1   D. 2∶1

（3）绘制机械图样时，应采用机械制图国家标准规定的（ ）种图线。
  A. 7   B. 8   C. 9   D. 10

（4）标注圆的直径尺寸时，一般（ ）应通过圆心，箭头指到圆弧上。
  A. 尺寸线   B. 尺寸界线   C. 尺寸数字   D. 尺寸箭头

1-2-2 选择回答问题。

（1）机械图样中常用的图线线型有粗实线、（ ）、细虚线、细点画线等。
  A. 轮廓线   B. 边框线   C. 细实线   D. 轨迹线

（2）制图国家标准规定，字体高度的公称尺寸系列共分为（ ）种。
  A. 5   B. 6   C. 7   D. 8

（3）制图国家标准规定，字体的号数，即字体的高度，单位为（ ）米。
  A. 分   B. 厘   C. 毫   D. 微

（4）零件的每一尺寸，一般只标注（ ），并应注在反映该形状最清晰的图形上。
  A. 一次   B. 二次   C. 三次   D. 四次

1-2-3 选择回答问题。

（1）国家标准规定，汉字系列为 1.8、2.5、3.5、5、（ ）、10、14、20。
  A. 6   B. 7   C. 8   D. 9

（2）国家标准规定，要书写更大的汉字，字高应按（ ）的比率递增。
  A. 3   B. 2   C. $\sqrt{3}$ D. $\sqrt{2}$

（3）图样中数字和字母分为（ ）两种字体。
  A. 大写和小写   B. 简体和繁体
  C. A 型和 B 型   D. 中文和英文

（4）机械零件的真实大小应以图样上（ ）为依据，与图形的大小及绘图的准确度无关。
  A. 所注尺寸数值   B. 所画图样形状
  C. 所标绘图比例   D. 所加文字说明

1-2-4 选择回答问题。

（1）标注（ ）尺寸时，应在尺寸数字前加注直径符号φ。
  A. 圆的半径   B. 圆的直径
  C. 圆球的半径   D. 圆球的直径

（2）机械图样中的尺寸一般以（ ）为单位时，不需标注其计量单位符号，若采用其他计量单位时必须标明。
  A. m   B. dm   C. cm   D. mm

（3）制图国家标准规定，字母写成斜体时，字头向右倾斜，与水平基准成（ ）。
  A. 60°   B. 75°   C. 120°   D. 135°

（4）写出 m（ ）和 mm（ ）单位符号的名称。
  A. 米   B. 分米   C. 厘米   D. 毫米

（5）1 毫米（mm）=（ ）忽米（cmm）=（ ）微米（μm）。
  A. 10   B. 100   C. 1000   D. 10000

1-3 选择题；标注尺寸　　　　　　　　　　　　　　　　　　　　　　　　班级　　姓名　　学号

1-3-1 根据标题栏的方位和看图方向的规定，判断下列图幅哪种格式是正确的(在字母符号上画√)。答

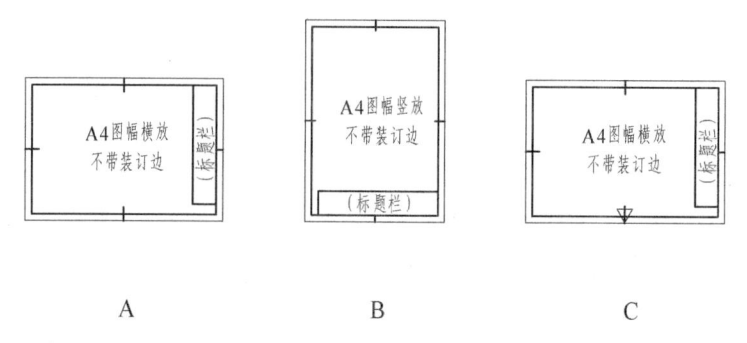

1-3-2 根据标题栏的方位和看图方向的规定，判断下列图幅哪种格式是正确的(在字母符号上画√)。答

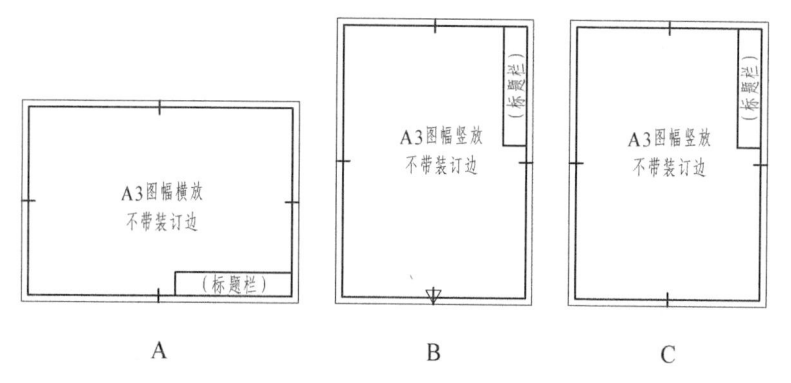

1-3-3 根据标题栏的方位和看图方向的规定，判断下列图幅哪种格式是正确的(在字母符号上画√)。答

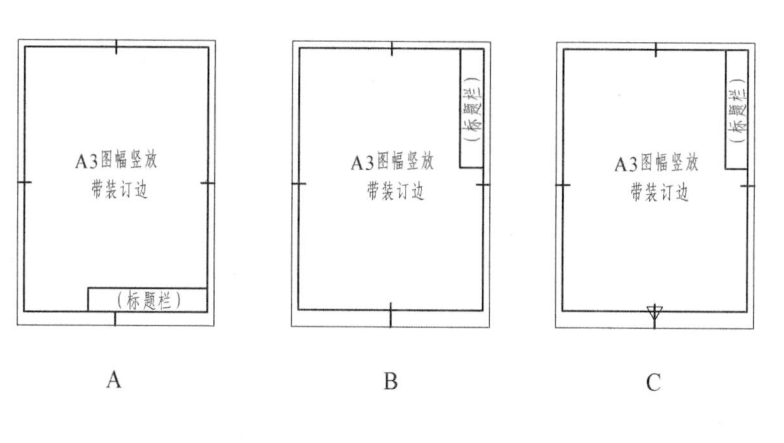

1-3-4 按国家标准规定，注出幅面尺寸、装订边宽度和其他留边宽度。答

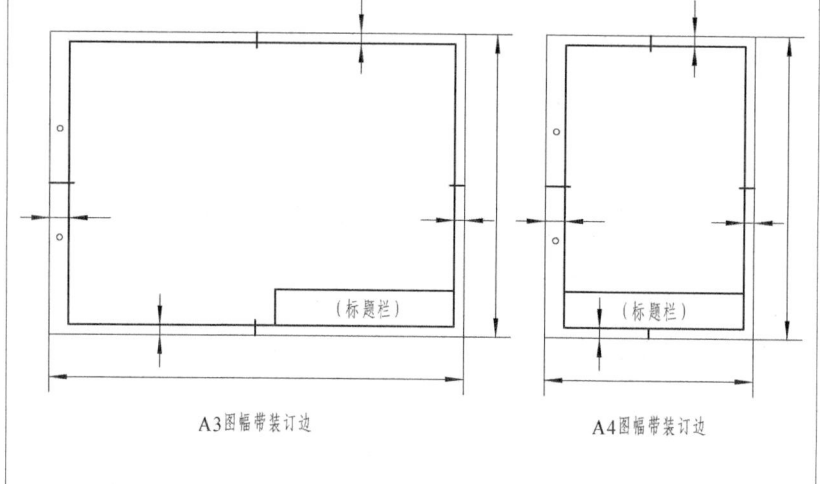

1-4 尺规图作业（线型练习）

№1 作业指导书

一、作业目的

1）熟悉主要线型的规格，掌握图框及标题栏的画法。
2）练习使用绘图工具。

二、内容与要求

1）按教师指定的图例，绘制各种图线。
2）用 A4 图纸（无装订边）竖放，不注尺寸，比例为 1：1。

三、绘图步骤

1. **画底稿（用 2H 或 3H 铅笔）**

1）画图框及对中符号（见教材图 1-4b），在右下角画出"标题栏"（见教材图 1-6）。
2）按图例中所注的尺寸，开始作图。
3）校对底稿，擦去多余的图线。

2. **用铅笔（HB 或 B）加深**

1）依次加深粗实线圆→细虚线圆→细点画线圆。
2）先加深水平方向的直线，再加深垂直方向的直线。
3）画 45°的斜线（细实线），斜线间隔约 3mm。
4）用长仿宋体字填写标题栏。

四、注意事项

1）绘图前，预先考虑图例所占的面积，将其布置在图纸有效幅面（标题栏以上）的中心区域。
2）粗实线宽度采用 0.7mm。为了保证线型符合标准，细虚线和细点画线的线段与间隔，在画底稿时，就应正确画出。
3）细点画线的线段与"点"要一次画出，不要画好线段再加"点"。

五、图例（右图及下页）

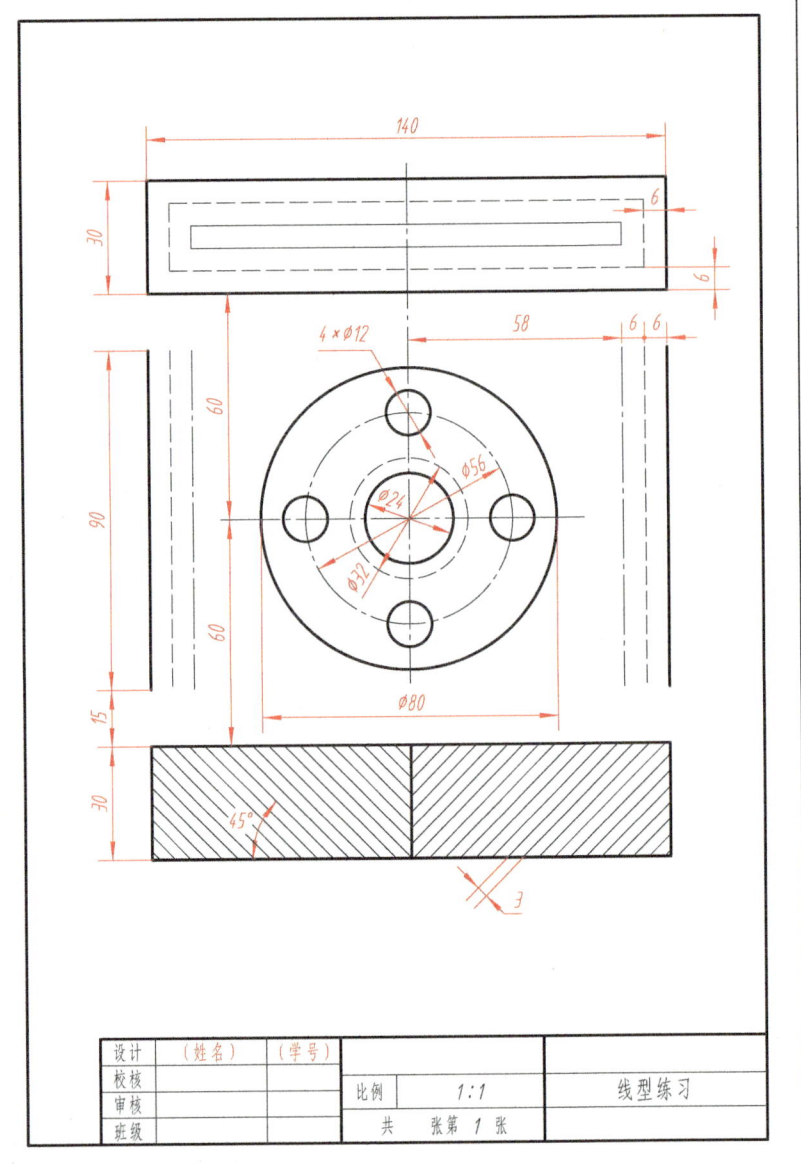

1-5 尺规图作业图例

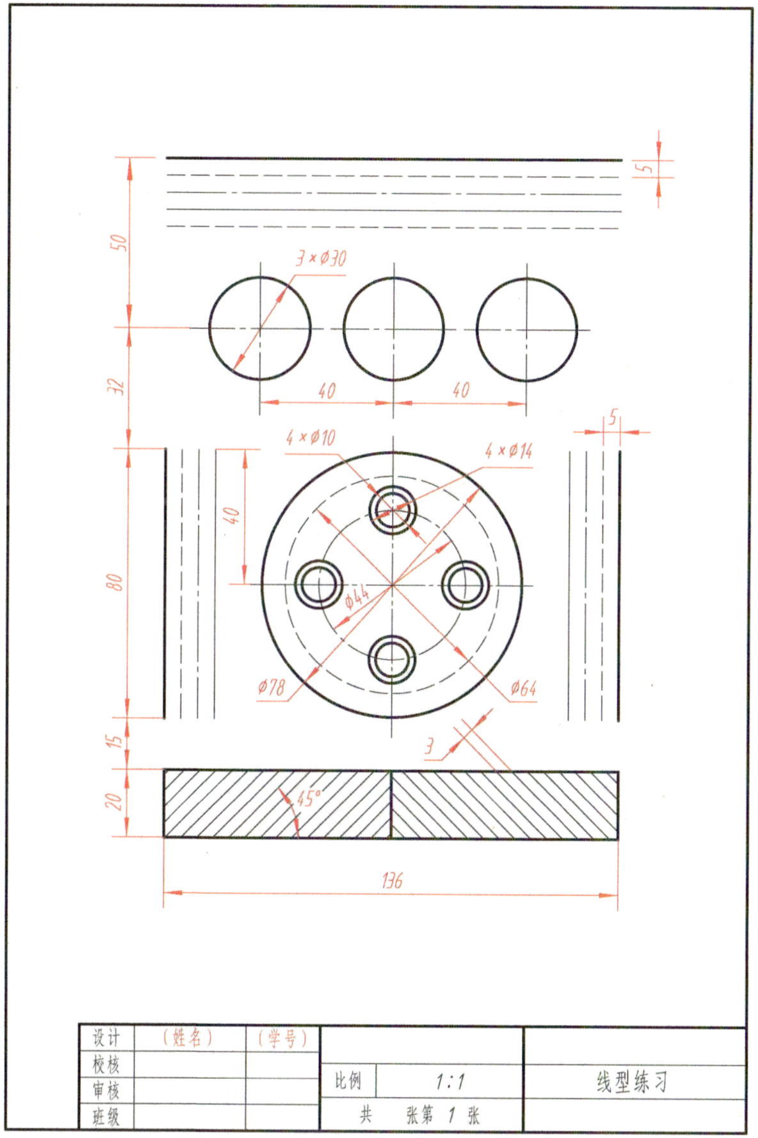

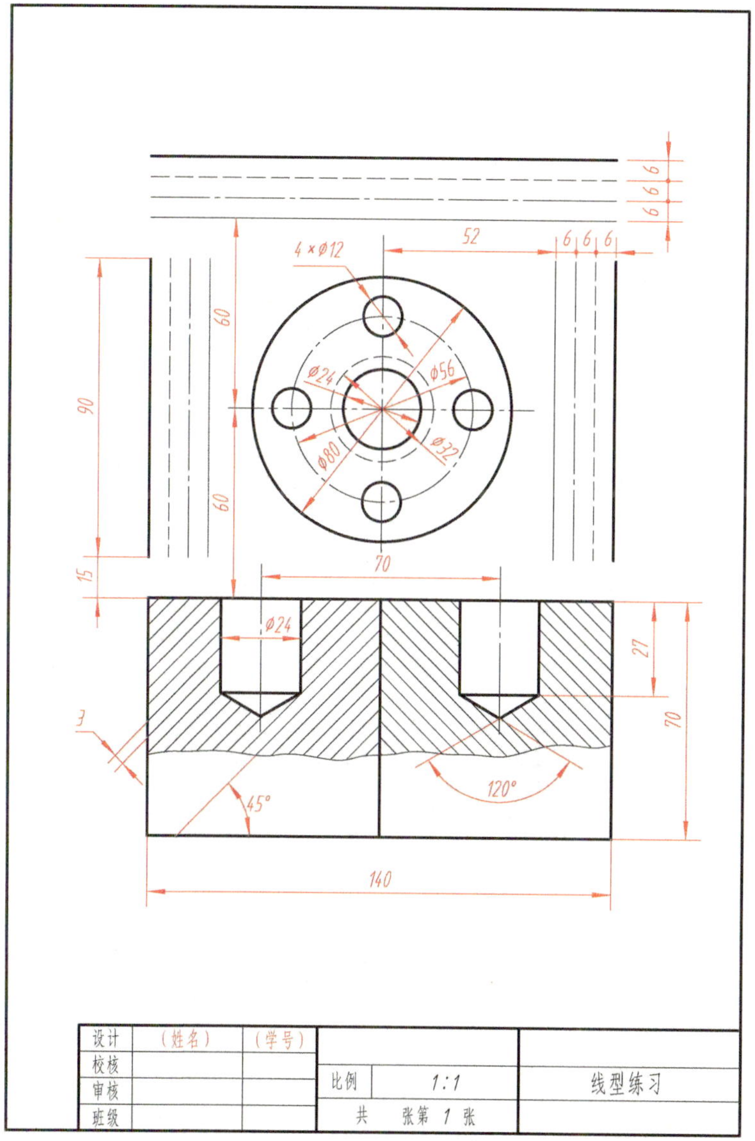

1-6 尺寸注法练习（一）

1-6-1 根据绘图比例，量一量图形的实际尺寸，判断每个图形的尺寸标注是否正确。

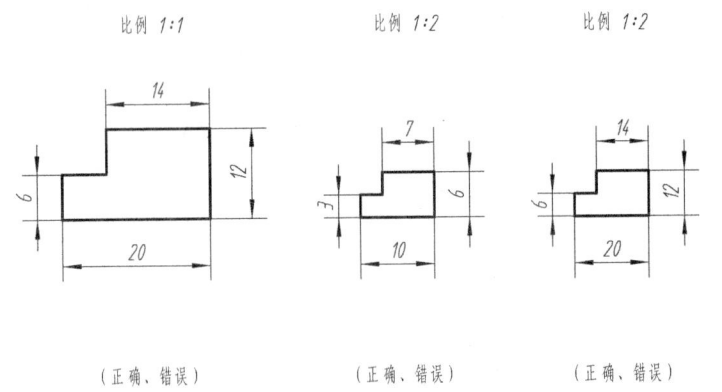

（正确、错误）　　　（正确、错误）　　　（正确、错误）

1-6-2 根据绘图比例，量一量图形的实际尺寸，判断每个图形的尺寸标注是否正确。

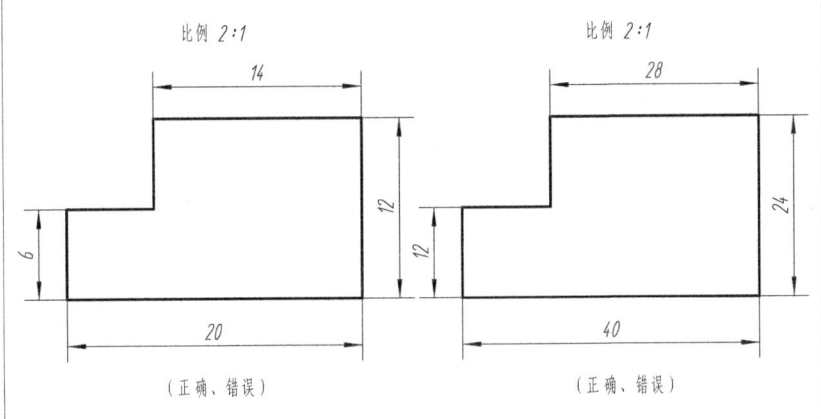

（正确、错误）　　　　　　（正确、错误）

1-6-3 下列两图哪一个是错误的？（指出错误原因）。

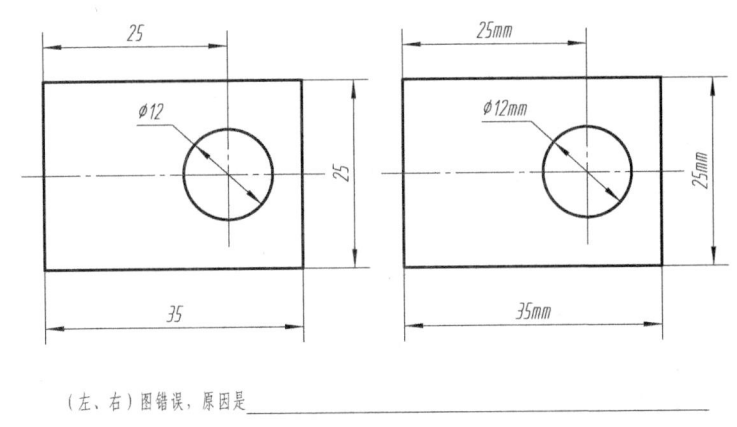

（左、右）图错误，原因是＿＿＿＿＿＿＿＿＿＿＿＿＿＿

1-6-4 对比左右两图，找出右图的错误，将对应的圈号标在错误之处。

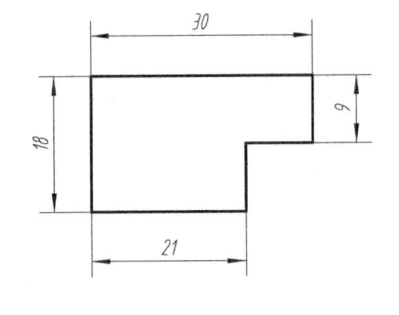 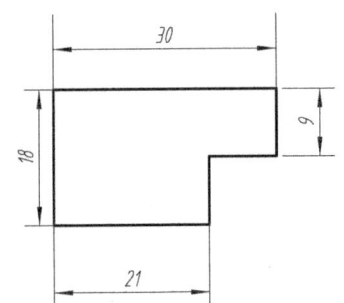

① 尺寸界线画得过长。
② 尺寸界线未与轮廓线接触。
③ 尺寸线与轮廓线距离过大。
④ 尺寸线与轮廓线距离过小。

1-7 尺寸注法练习（二）

1-7-1 你能找出直径标注"错误"图例中的错误之处吗？

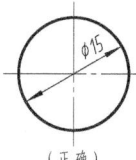 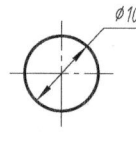 
（正确）　（正确）　（正确）　（正确）

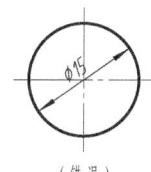 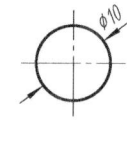 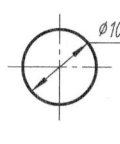 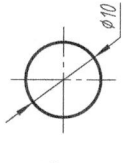
（错误）　（错误）　（错误）　（错误）

1-7-2 判断每个角度标注得是否正确。

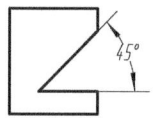 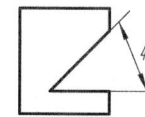 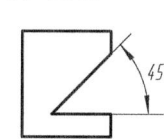 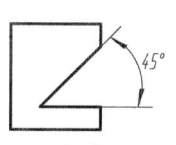
（正确、错误）　（正确、错误）　（正确、错误）　（正确、错误）

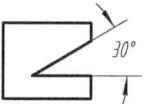 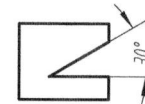 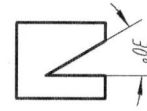 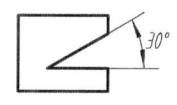
（正确、错误）　（正确、错误）　（正确、错误）　（正确、错误）

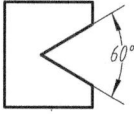 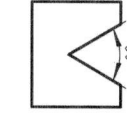 
（正确、错误）　（正确、错误）　（正确、错误）　（正确、错误）

1-7-3 你能找出半径标注"错误"图例中的错误之处吗？

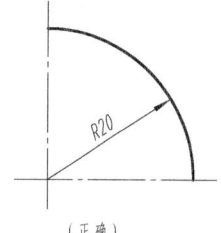 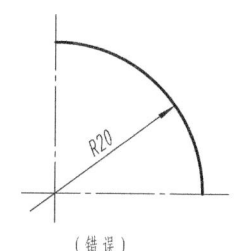 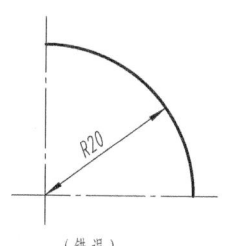
（正确）　（错误）　（错误）

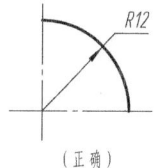 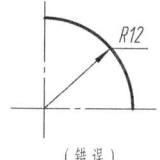 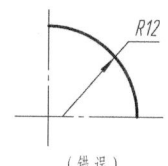
（正确）　（错误）　（错误）

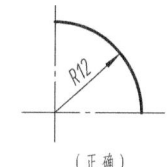 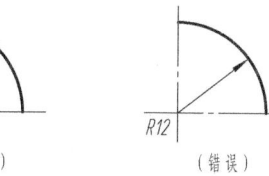 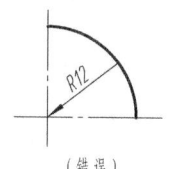
（正确）　（错误）　（错误）

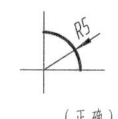 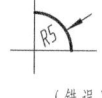 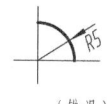
（正确）　（错误）　（错误）

1-8 尺寸注法练习（三）　　　　　　　　　　　　　　班级　　姓名　　学号

1-8-1　找出左图中已注尺寸的错误，在右图中重新标注。

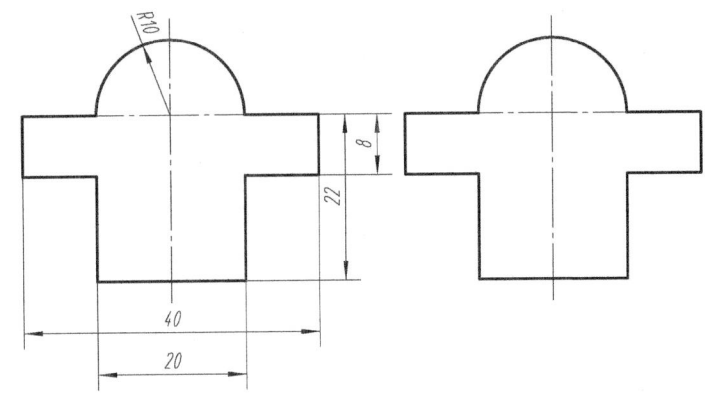

1-8-2　找出左图中已注尺寸的错误，在右图中重新标注。

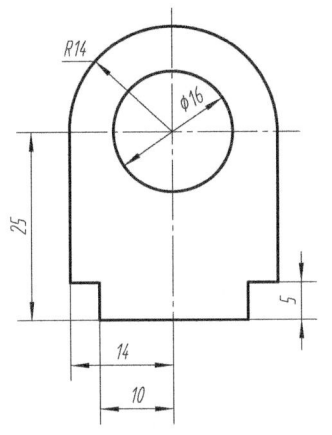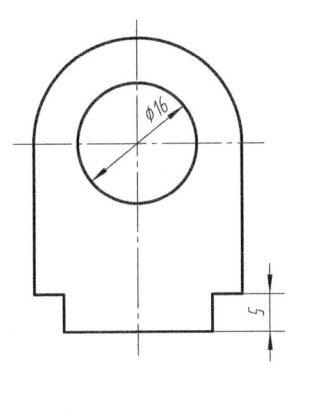

1-8-3　找出左图中已注尺寸的错误，在右图中重新标注。

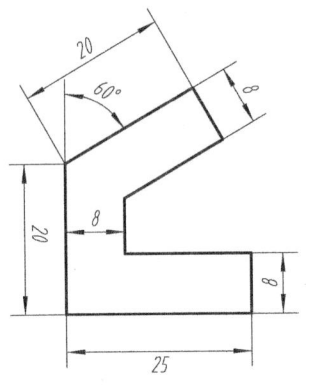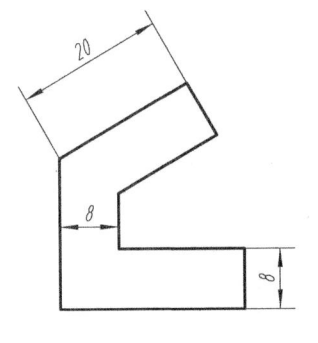

1-8-4　找出左图中已注尺寸的错误，在右图中重新标注。

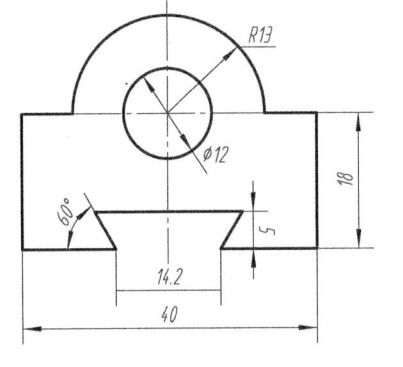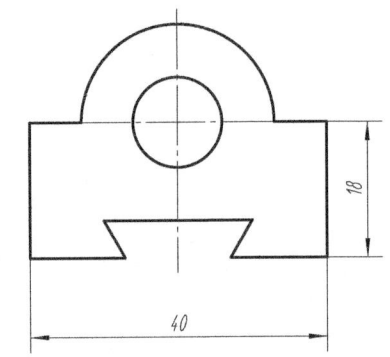

1-9 尺寸注法练习（四）

班级　　姓名　　学号

1-9-1 标注圆的直径尺寸，按 1∶1 的比例从图中量取整数。

1-9-2 标注大半圆及小圆的尺寸，按 1∶1 的比例从图中量取整数。

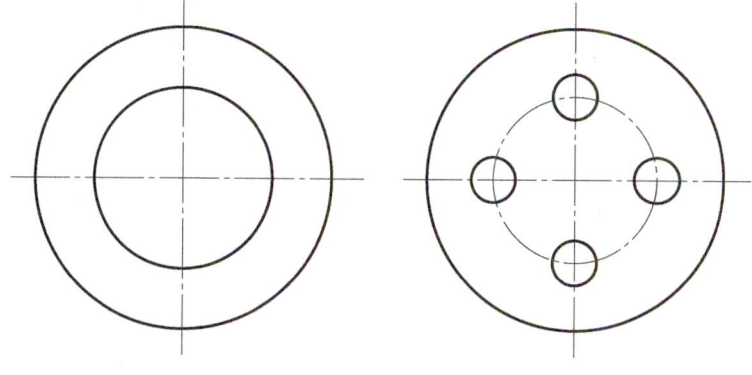

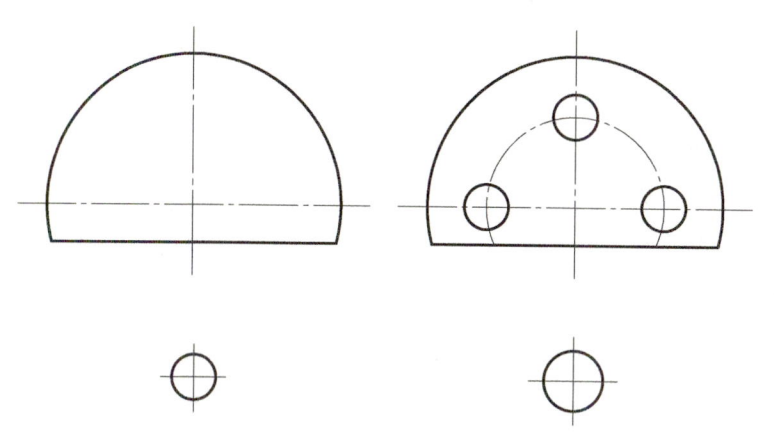

1-9-3 标注半圆和大半圆的尺寸，按 1∶1 的比例从图中量取整数。

1-9-4 标注圆弧的尺寸，按 1∶1 的比例从图中量取整数。

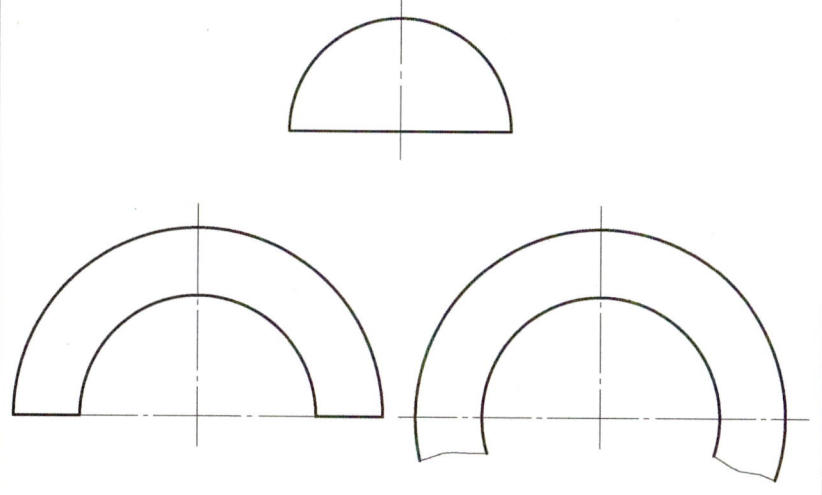

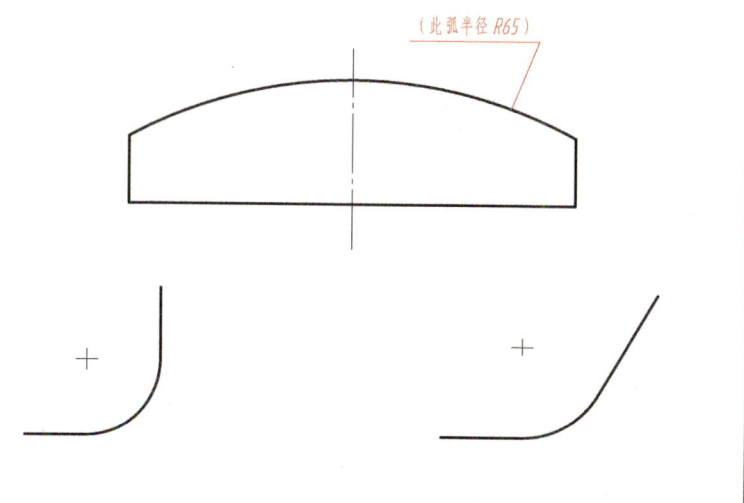

（此弧半径 R65）

1-10 尺寸注法练习（五）　　　　　　　　　　　　　　　　　　　　　　班级　　　姓名　　　学号

1-10-1 从图中量取整数，按1∶1的比例标注尺寸。

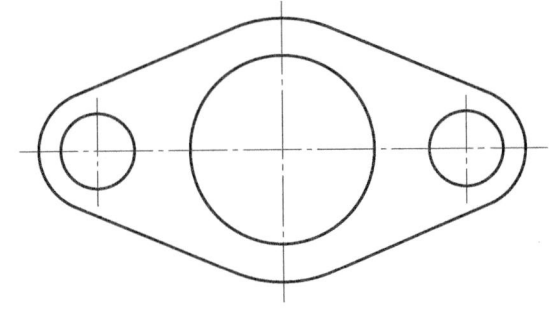

1-10-2 从图中量取整数，按1∶1的比例标注尺寸。

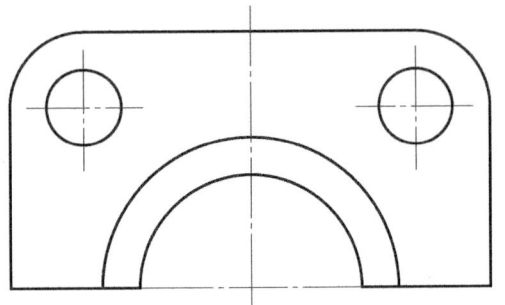

1-10-3 从图中量取整数，按1∶1的比例标注尺寸。

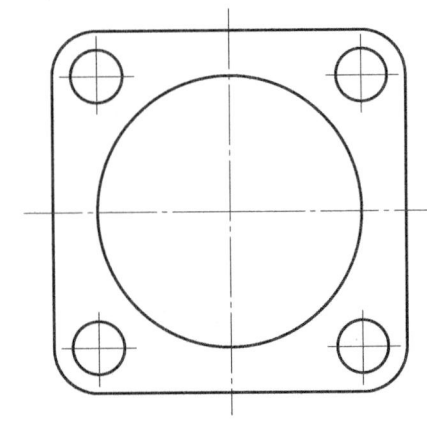

1-10-4 从图中量取整数，按1∶1的比例标注尺寸。

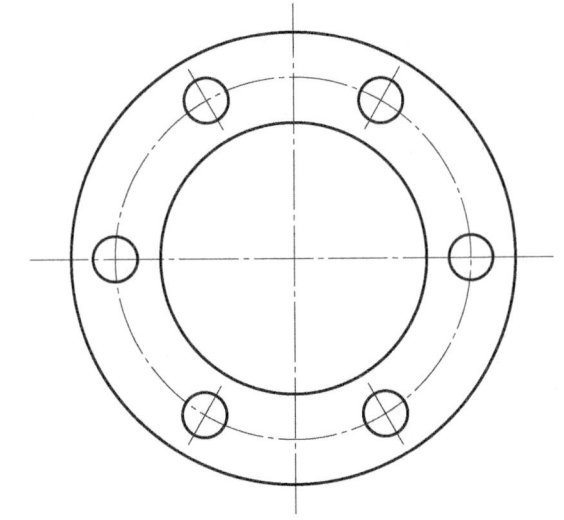

1-11 等分作图

1-11-1 作直线 AB 的垂直平分线。

1-11-2 以直线 AB 为底边作等边三角形。

1-11-3 将直线 AB 七等分。

1-11-4 依据小图中给定的正多边形位置，利用圆（分）规，在下面的大图中作出圆的三、六等分。

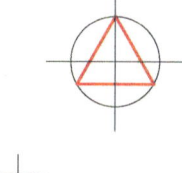
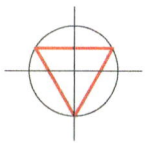
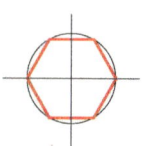
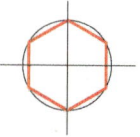
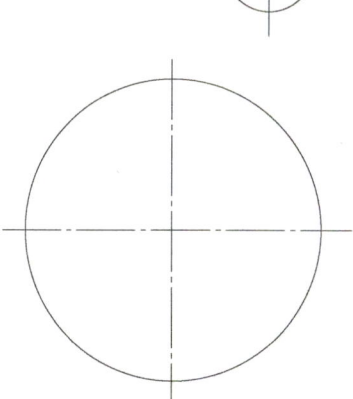
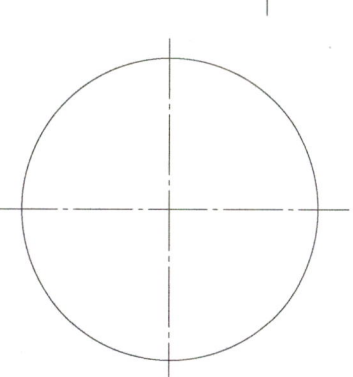
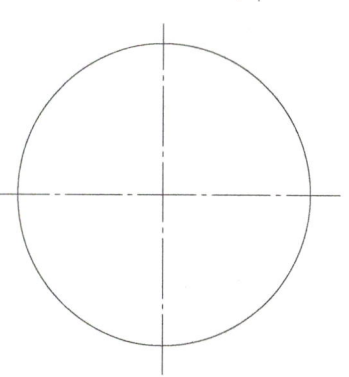

1-12 圆弧连接（一）

班级　　　姓名　　　学号

1-12-1 根据图例及下图中图形的尺寸，按 1∶1 的比例，完成圆弧连接（保留作图线，不注尺寸）。

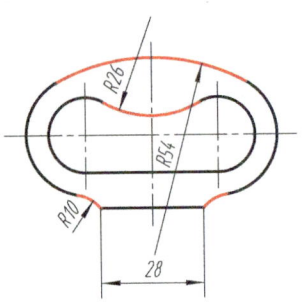

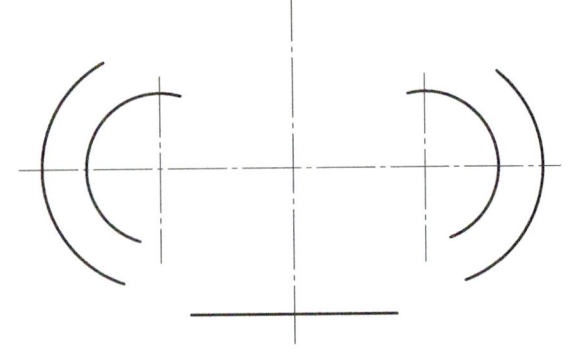

1-12-2 根据图例及下图中图形的尺寸，按 1∶1 的比例，完成圆弧连接（保留作图线，不注尺寸）。

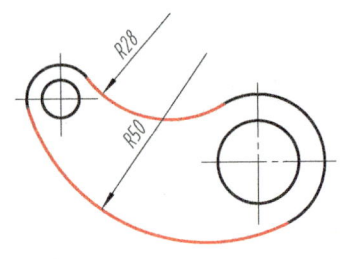

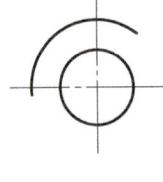
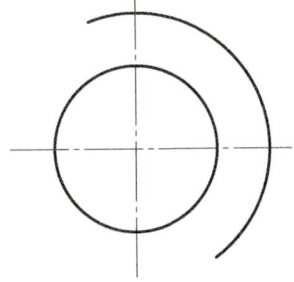

— 12 —

1-13 圆弧连接（二）

班级　　姓名　　学号

1-13-1　根据图例及下图中图形的尺寸，按 1∶1 的比例，完成圆弧连接（保留作图线，不注尺寸）。

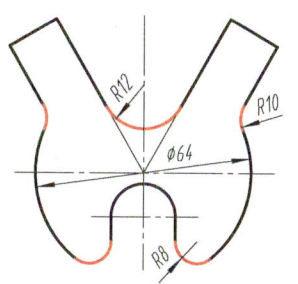
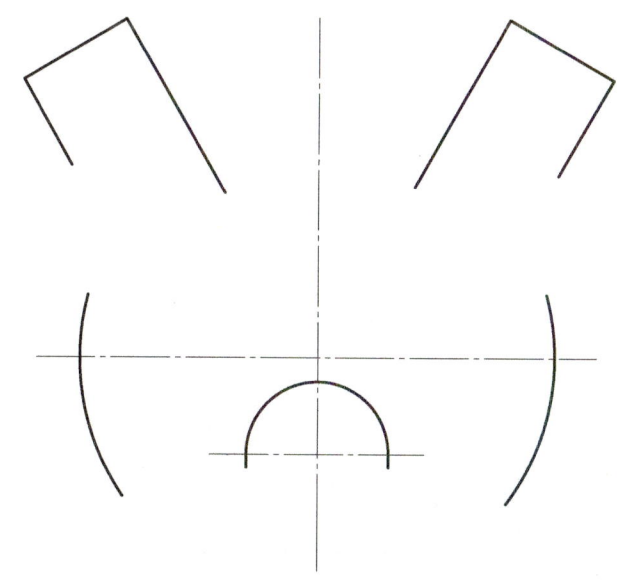

1-13-2　根据图例及下图图形中的尺寸，按 1∶1 的比例，完成圆弧连接（保留作图线，不注尺寸）。

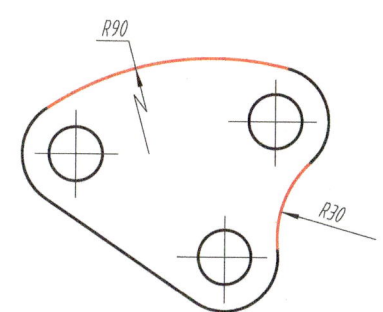
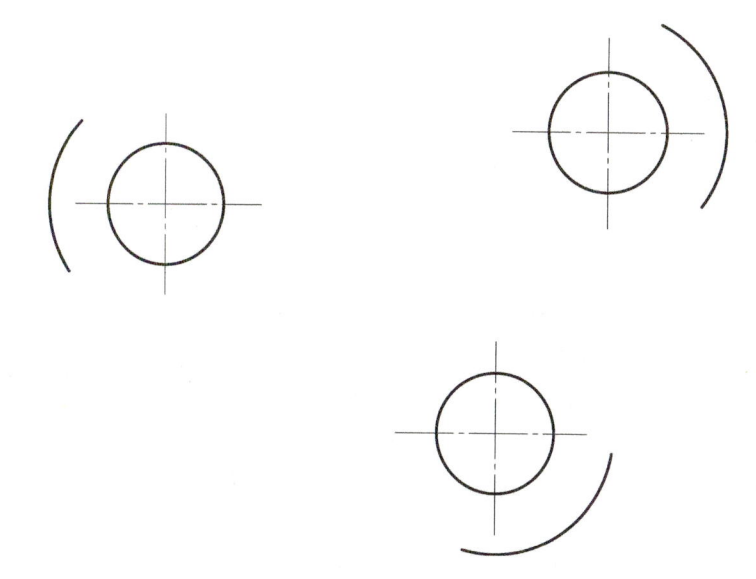

1-14 斜度画法练习

1-14-1 按图例中给定的斜度，补全下图，并按规定标注斜度（保留作图线）。

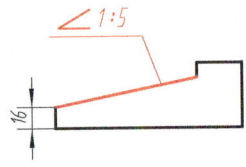

1-14-2 按图例中给定的尺寸，按 1∶1 的比例补全下图，并按规定标注斜度（保留作图线）。

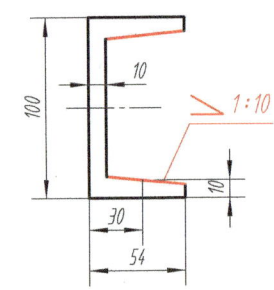

1-15 锥度画法练习

1-15-1 按图例中给定的锥度，补全下图中所缺的图线，并按规定标注锥度（保留作图线）。

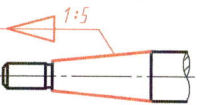

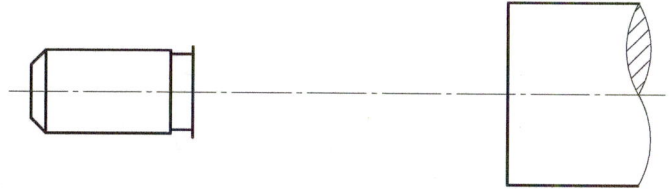

1-15-2 按图例中给定的锥度，补全下图中所缺的图线，并按规定标注锥度（保留作图线）。

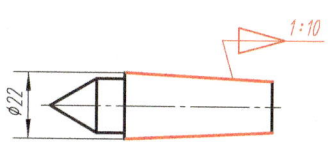

№2 作业指导书

一、作业目的

1）熟悉平面图形的绘图步骤和尺寸注法。
2）掌握圆弧连接的作图方法和技巧。

二、内容与要求

1）按教师指定的图例，绘制平面图形并标注尺寸。
2）用 A4 图纸，自己选定绘图比例。

三、作图步骤

1）分析图形中尺寸的作用及线段性质，确定作图步骤。
2）画底稿。
① 画图框、对中符号和标题栏。
② 画出图形的基准线、对称中心线及圆的中心线等。
③ 画图时，<u>先画已知弧</u>→<u>再画中间弧</u>→<u>最后画连接弧</u>。
④ 画出尺寸界线、尺寸线。
3）检查底稿，加深图形。
4）标注尺寸、填写标题栏。
5）校对，修饰图面。

四、注意事项

1）布置图形时，应留足标注尺寸的位置，使图形布置匀称。
2）画底稿时，作图线应细淡而准确，连接弧的圆心及切点要准确。
3）加深时必须细心，按"<u>先粗后细</u>→<u>先曲后直</u>→<u>先水平后垂直、倾斜</u>"的顺序绘制，尽量做到同类图线规格一致，圆弧连接光滑。
4）箭头应符合规定且大小一致。不要漏注尺寸或漏画箭头。

五、图例（见右图及下页）

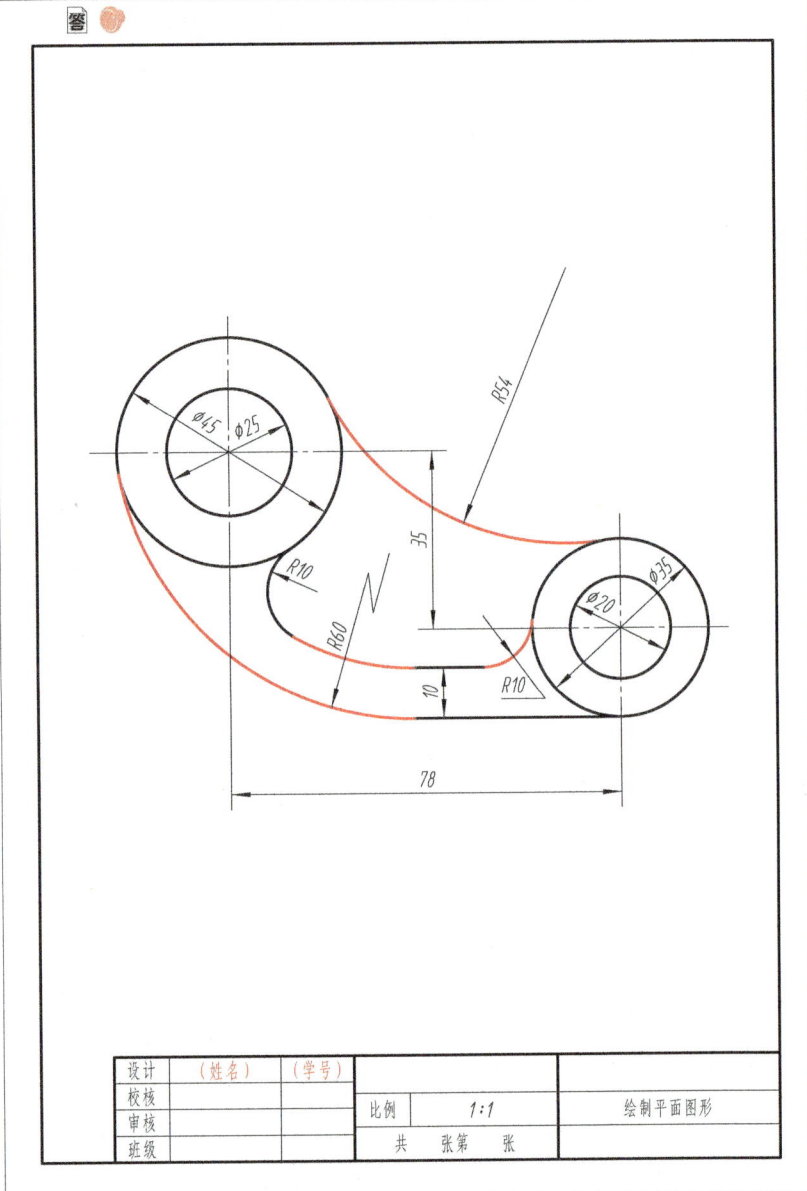

1-17 抄画平面图形作业图例

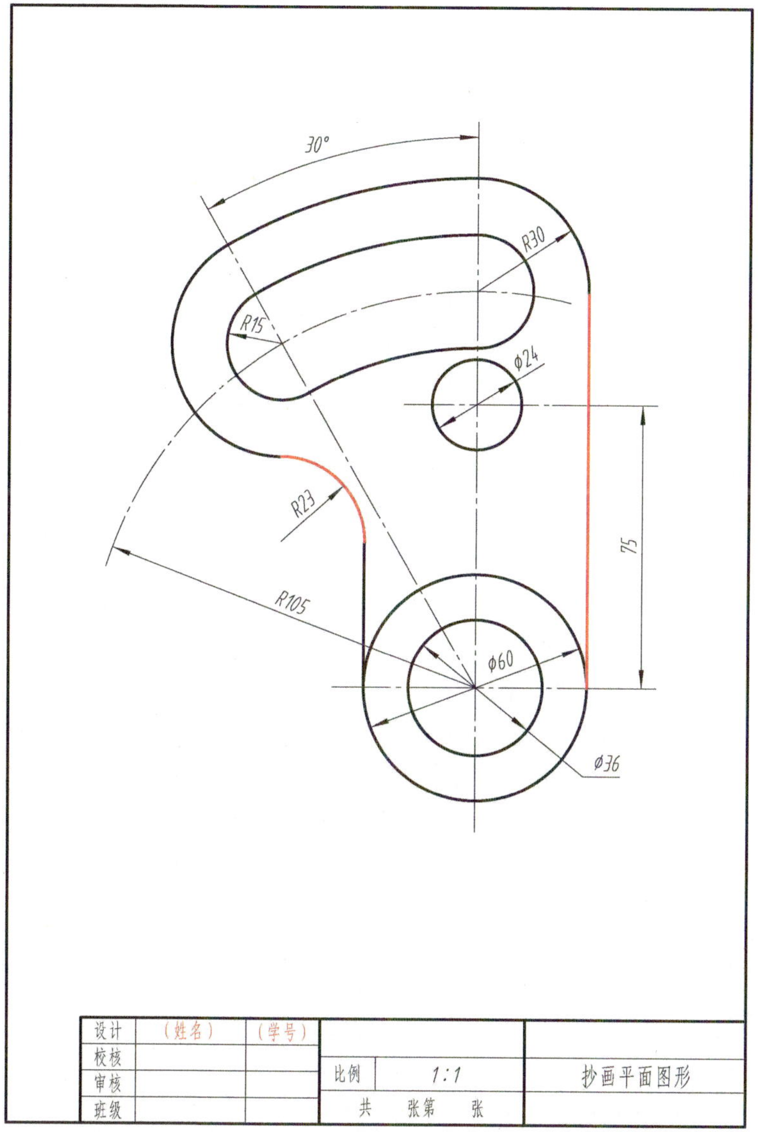

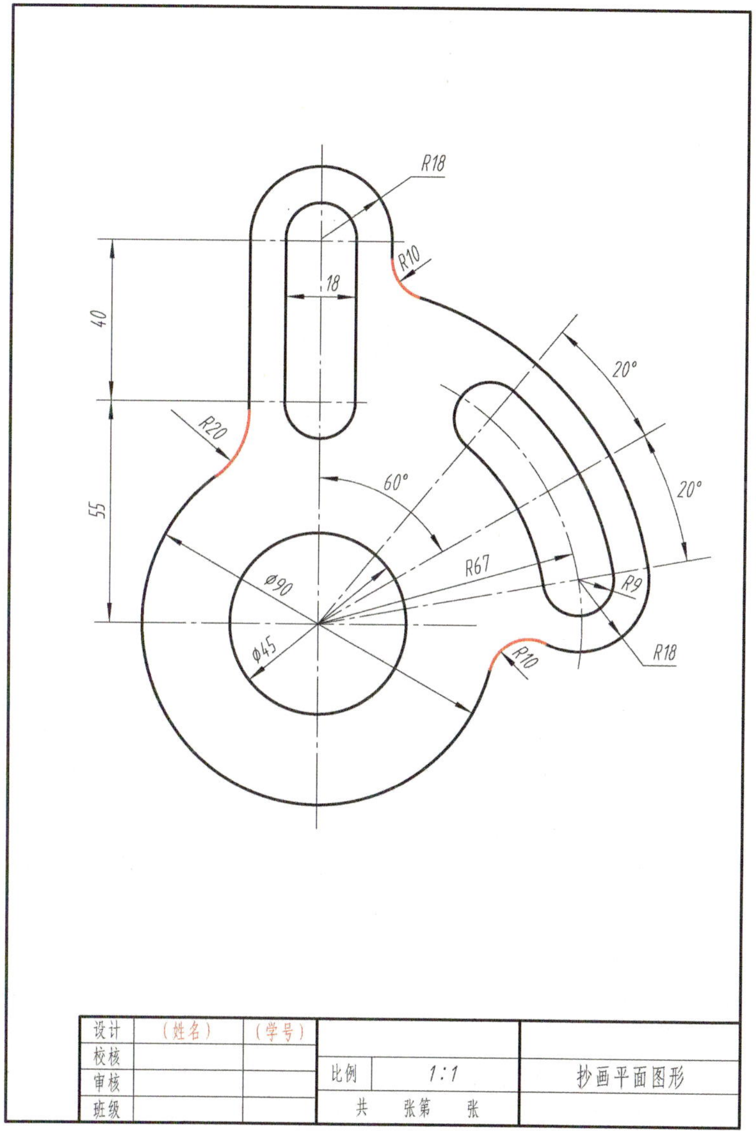

1-18 按1∶1的比例，徒手抄画下列图形，不注尺寸（一）

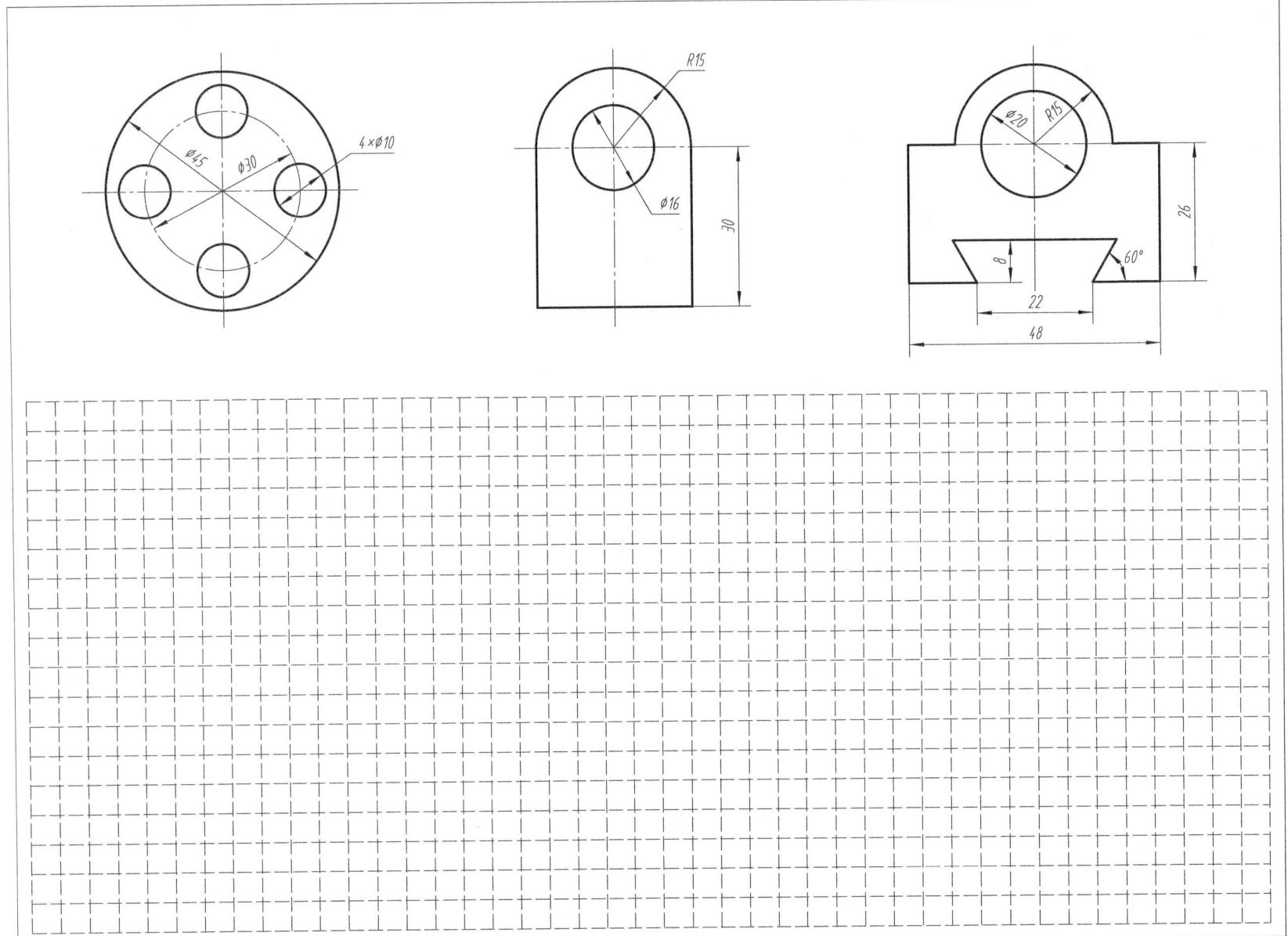

1-19 按 1∶1 的比例，徒手抄画下列图形，不注尺寸（二）

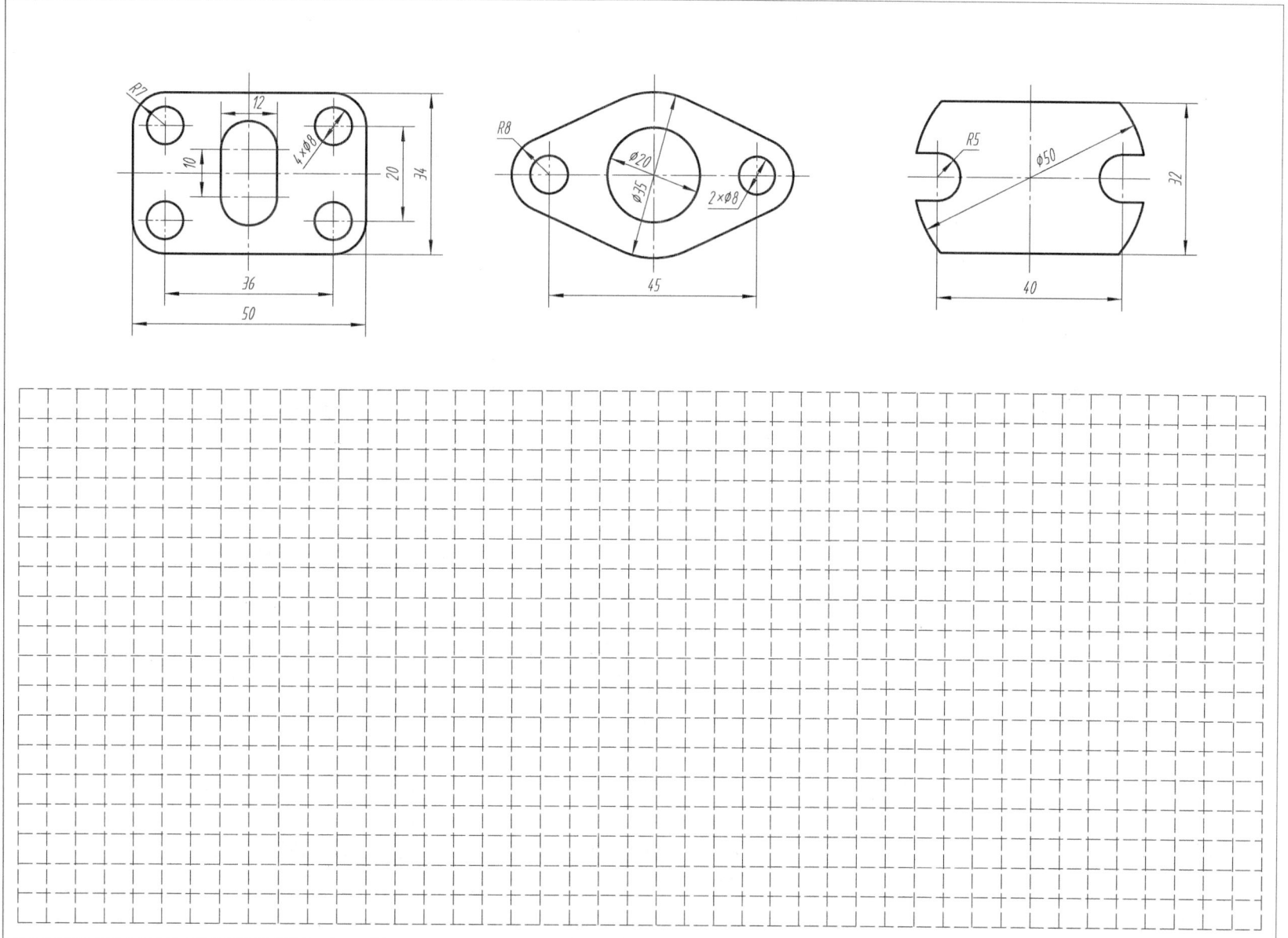

第二章 投影基础

2-1　想一想老师讲过的内容，回答下列问题　　　　　　　　　　　　　　　　　　　　　班级　　　姓名　　　学号

2-1-1　填空回答问题。

（1）获得投影的三要素有（　　　）、物体、投影面。

（2）投射线与投影面相垂直的平行投影法称为（　　　），根据该法所得到的图形称为（　　　）。

（3）正投影的基本性质有哪些？

当平面与投影面平行时，其投影（　　　）；

当平面与投影面垂直时，其投影（　　　）；

当平面与投影面倾斜时，其投影（　　　）。

（4）如何获得三视图？

主视图是由（　　　）投射在（　　　）面所得的视图；

俯视图是由（　　　）投射在（　　　）面所得的视图；

左视图是由（　　　）投射在（　　　）面所得的视图。

2-1-2　选择回答问题。

（1）平行投影法分为（　　　）两种。

A．主要投影法和辅助投影法

B．正投影法和斜投影法

C．一次投影法和二次投影法

D．中心投影法和平行投影法

（2）机械图样主要采用（　　　）法绘制。

A．平行投影　B．中心投影　C．斜投影　D．正投影

（3）获得投影的要素有投射线、（　　　）、投影面。

A．光源　　B．物体　　C．投射中心　　D．画面

（4）正投影的基本特性主要有实形性、积聚性、（　　　）。

A．类似性　　B．特殊性　　C．统一性　　D．普遍性

2-1-3　填空回答问题。

（1）三视图之间的对应关系如何？

主、左视图（　　　）；

主、俯视图（　　　）；

左、俯视图（　　　）。

（2）"三等规律"不仅反映在物体的（　　　）上，也反映在物体的（　　　）上。

（3）三视图与物体的方位关系如何？

主视图反映物体的（　　　）和（　　　）位置关系；

俯视图反映物体的（　　　）和（　　　）位置关系；

左视图反映物体的（　　　）和（　　　）位置关系。

（4）俯视图的下方表示物体的（　　　）面，俯视图的上方表示物体的（　　　）面。

2-1-4　选择回答问题。

（1）平行投影法中投射线与投影面相垂直时，称为（　　　）。

A．垂直投影法　　　　　B．正投影法

C．斜投影法　　　　　　D．中心投影法

（2）将投射中心移至无限远处，则投射线视为相互（　　　）。

A．垂直　　B．交于一点　C．平行　　D．交叉

（3）三视图中，离主视图远的一面表示物体的（　　　）面。

A．上　　B．下　　C．前　　D．后

（4）三视图中，离主视图近的一面表示物体的（　　　）面。

A．上　　B．下　　C．前　　D．后

（5）当平面与基本投影面垂直时，其投影（　　　）。

A．反映实形　　B．积聚成直线　　C．类似形

2-2 找出与三视图对应的轴测图，在圆圈内填写对应的编号（一） 班级 姓名 学号

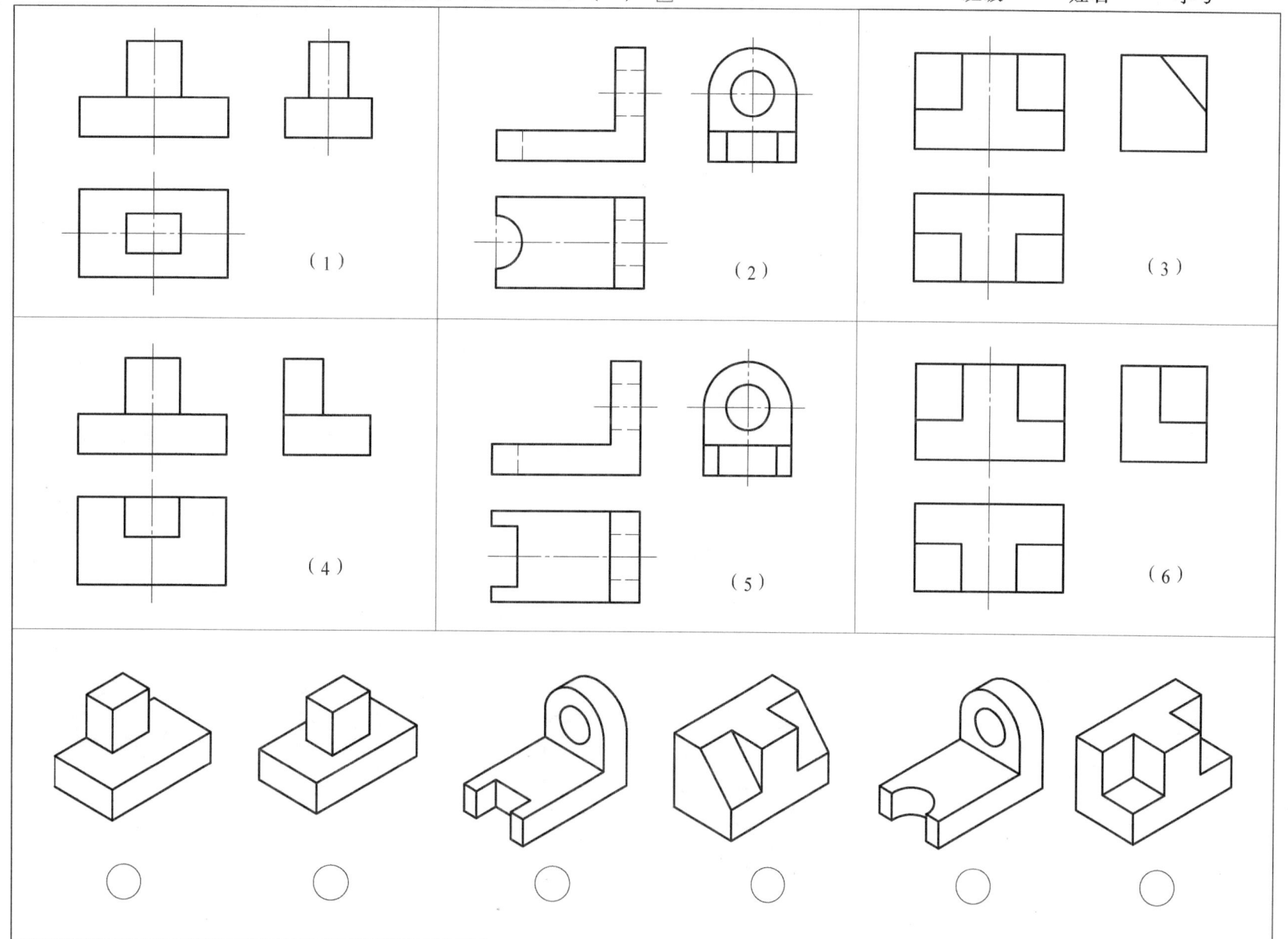

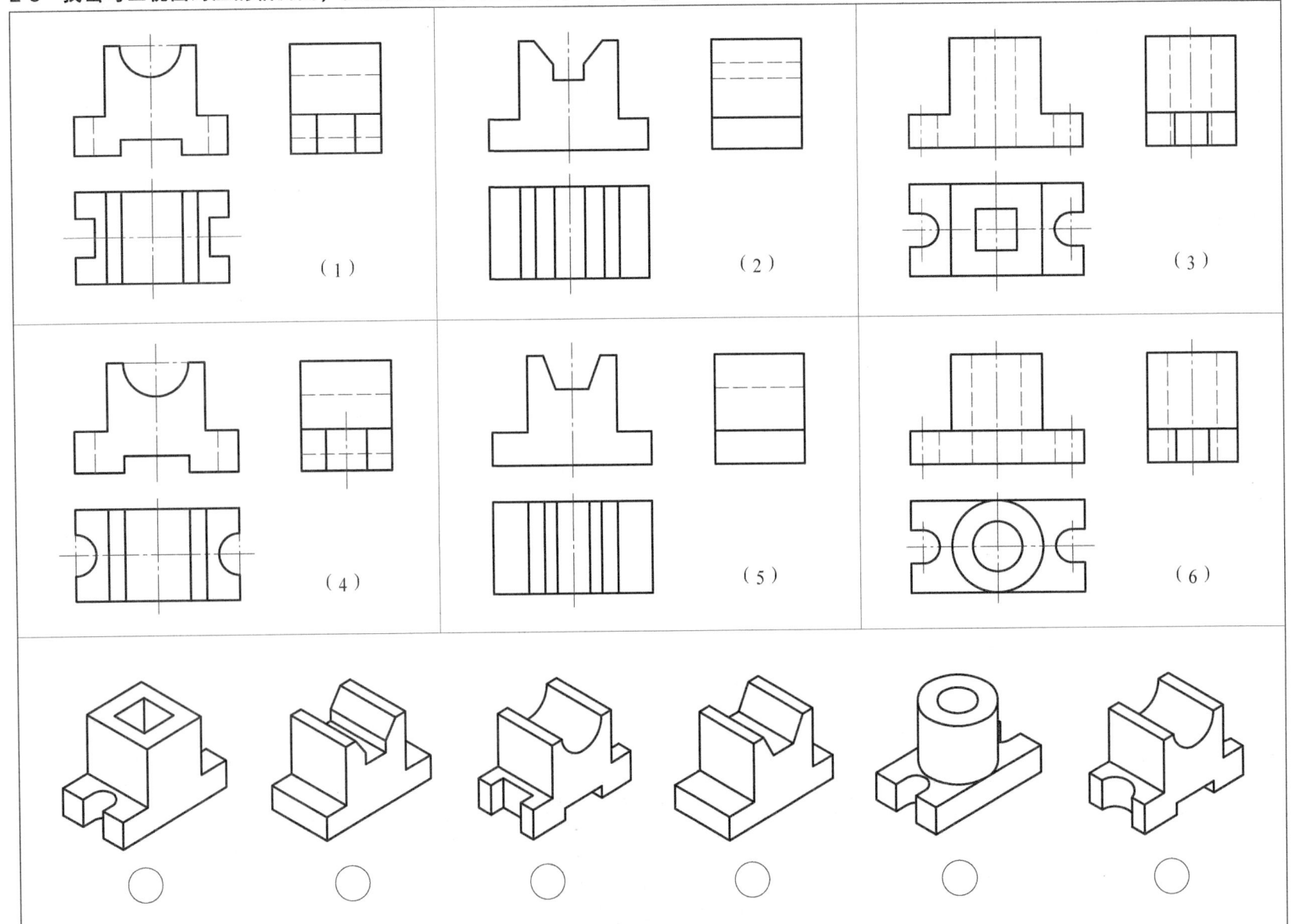

2-4 选择与三视图对应的轴测图，将其编号填入括号内

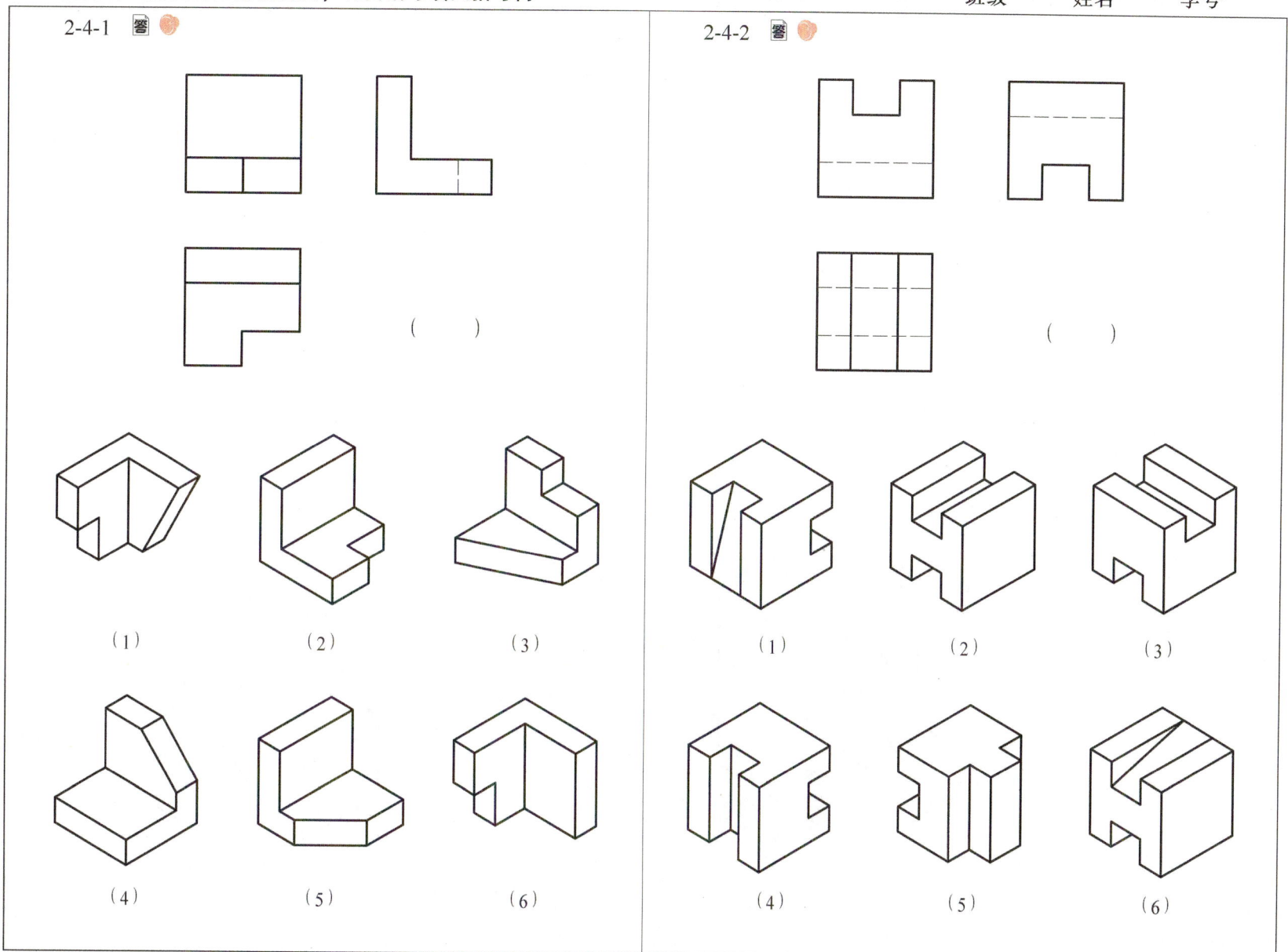

2-5 根据轴测图画出三视图，按 1：1 的比例由轴测图中量取尺寸　　　　班级　　姓名　　学号

2-5-1

2-5-2

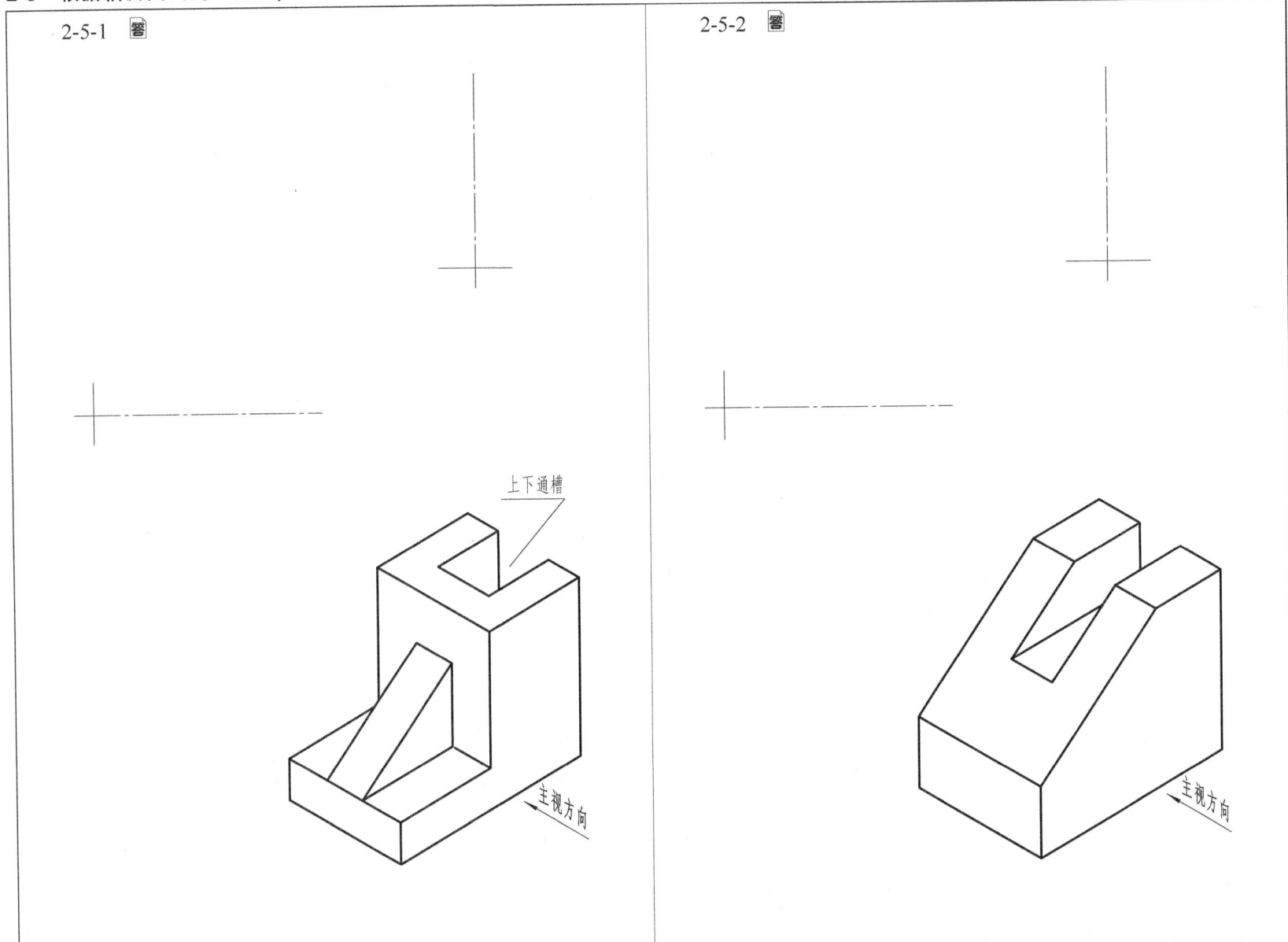

上下通槽

主视方向

主视方向

2-6 参照轴测图，补画视图中的漏线（一）

班级　姓名　学号

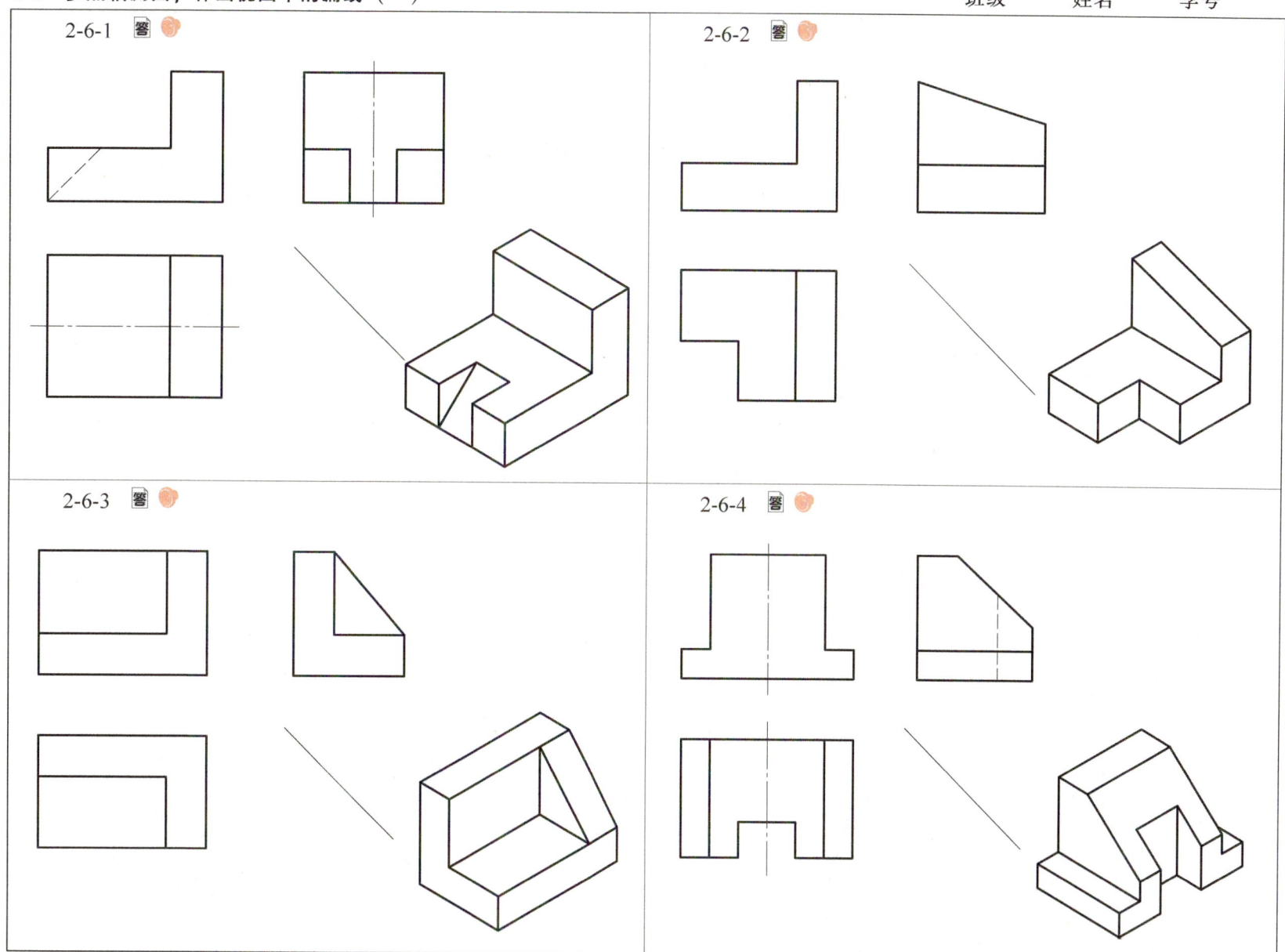

2-7 参照轴测图，补画视图中的漏线（二）

班级　　姓名　　学号

2-7-1

2-7-2

2-7-3

2-7-4

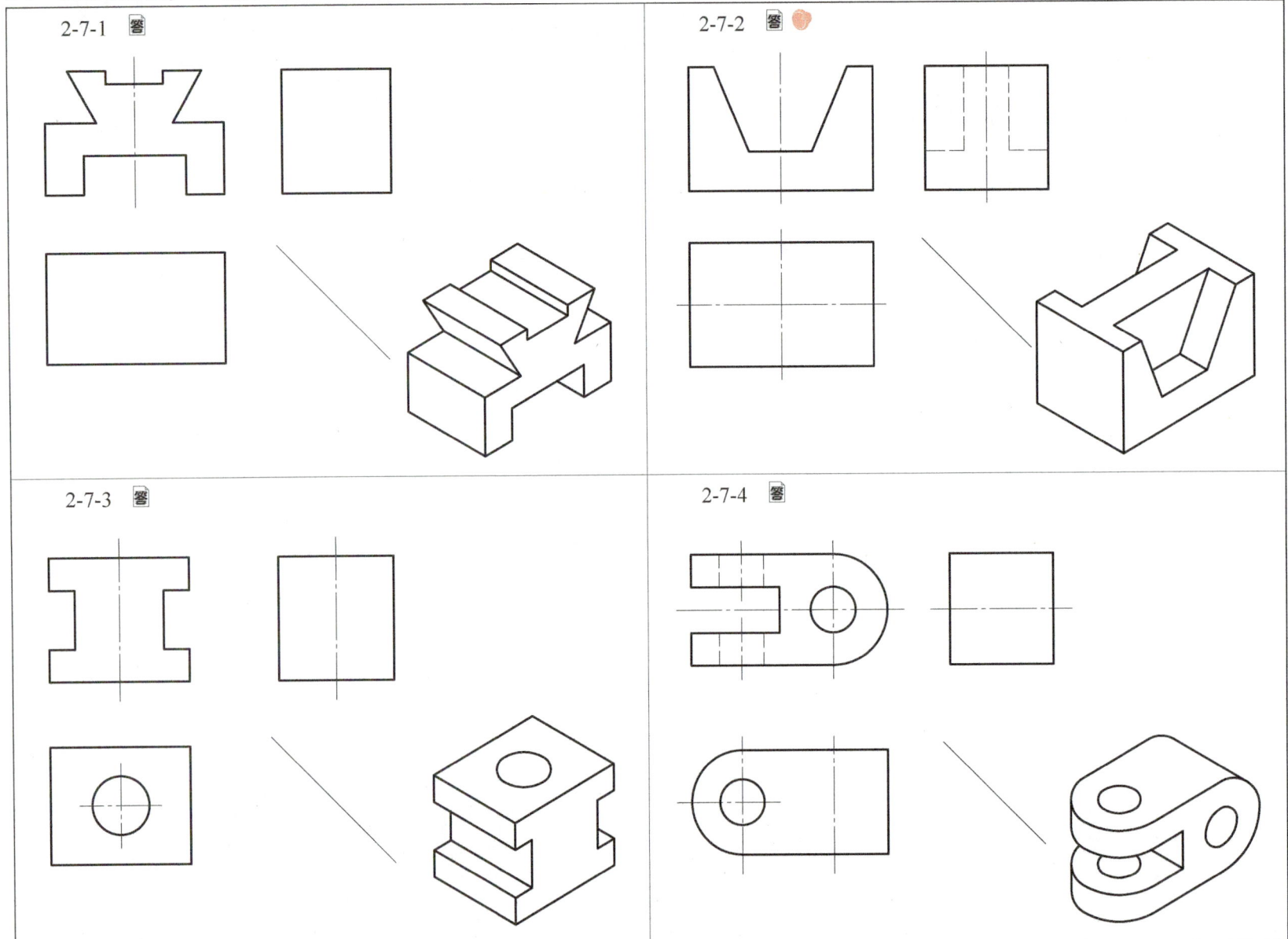

2-8 补画三视图中漏画的图线

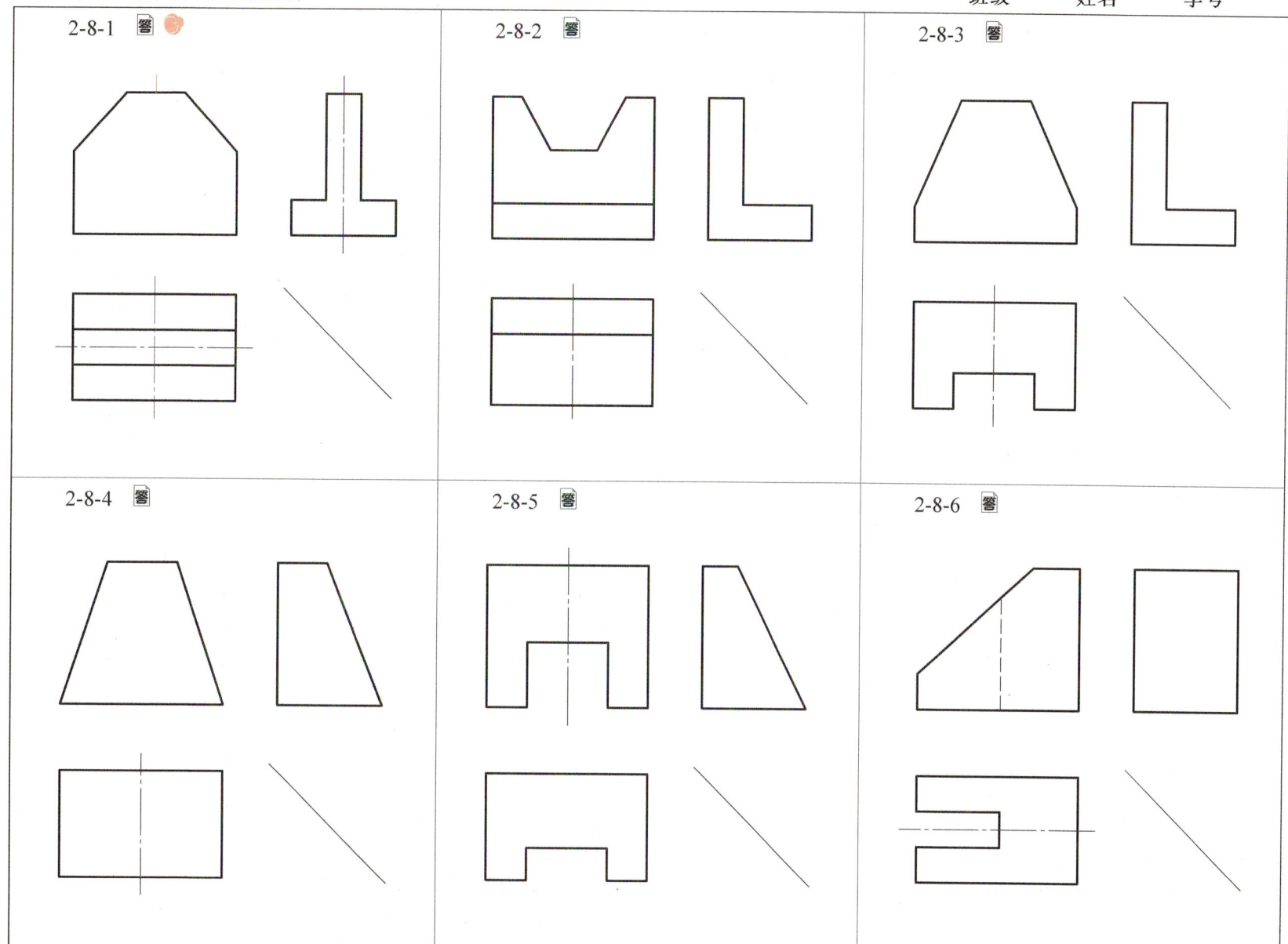

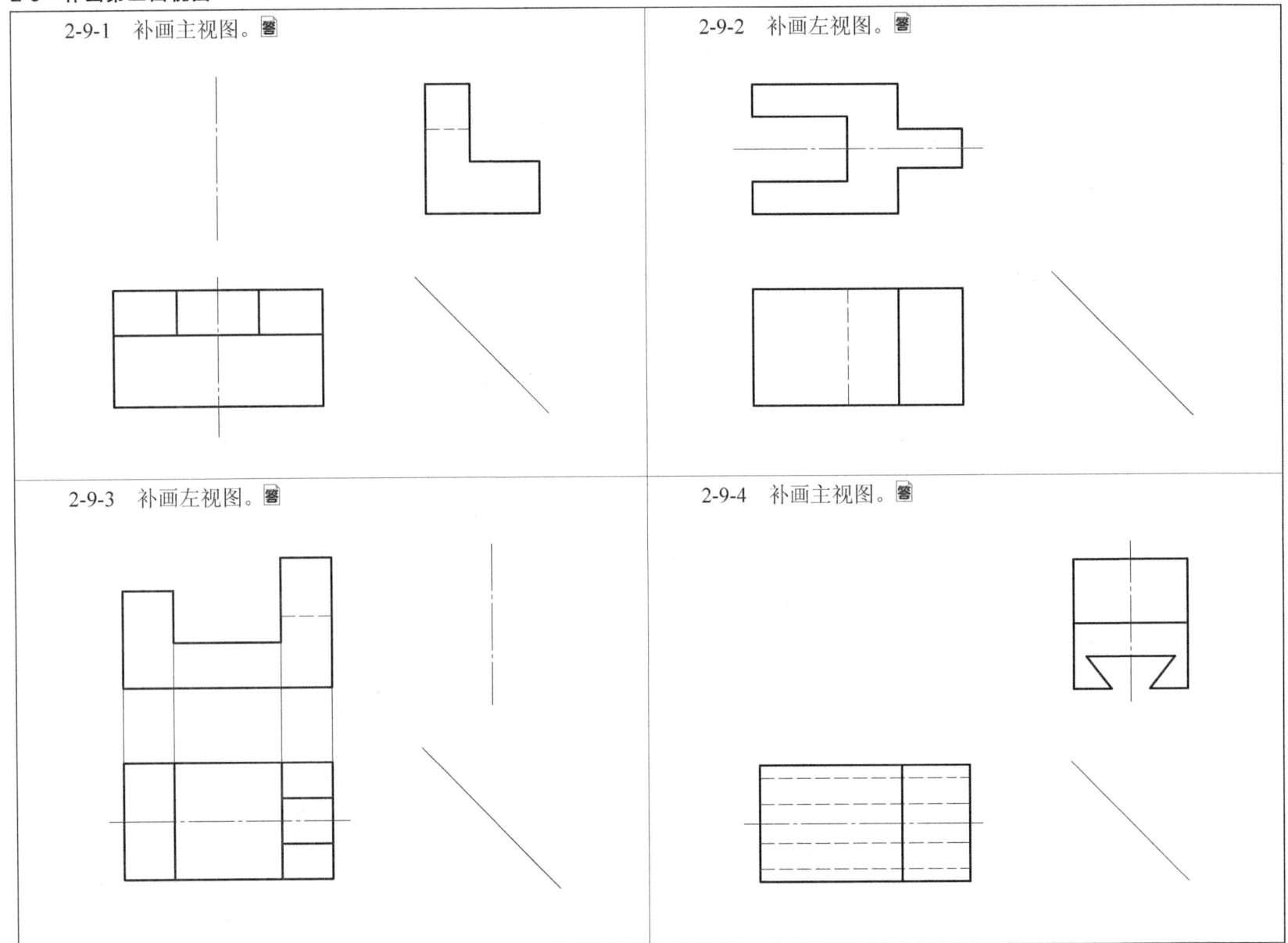

2-10 根据轴测图，按1:1的比例徒手绘制其三视图（一）

2-11　根据轴测图，按 1∶1 的比例徒手绘制其三视图（二）

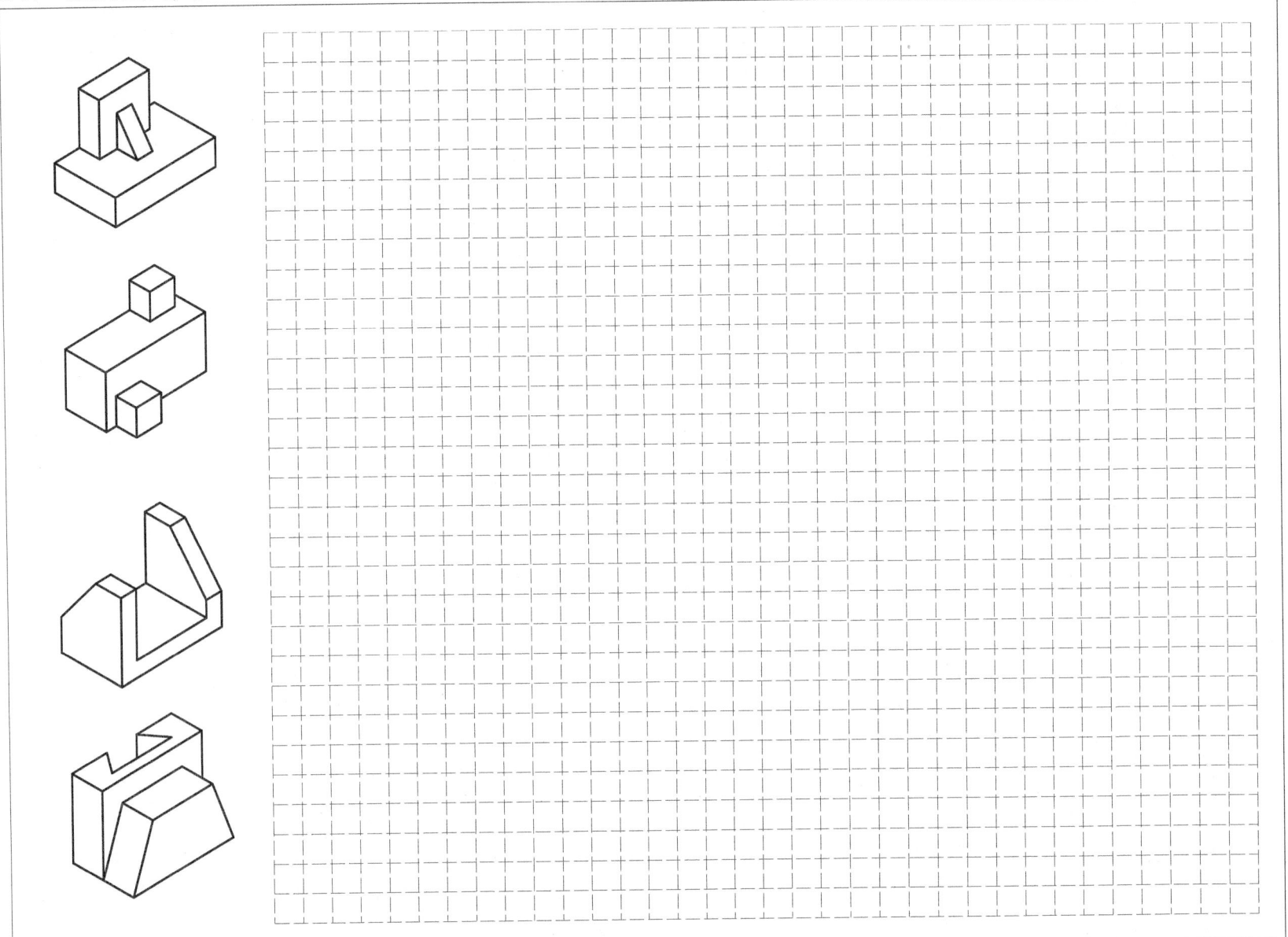

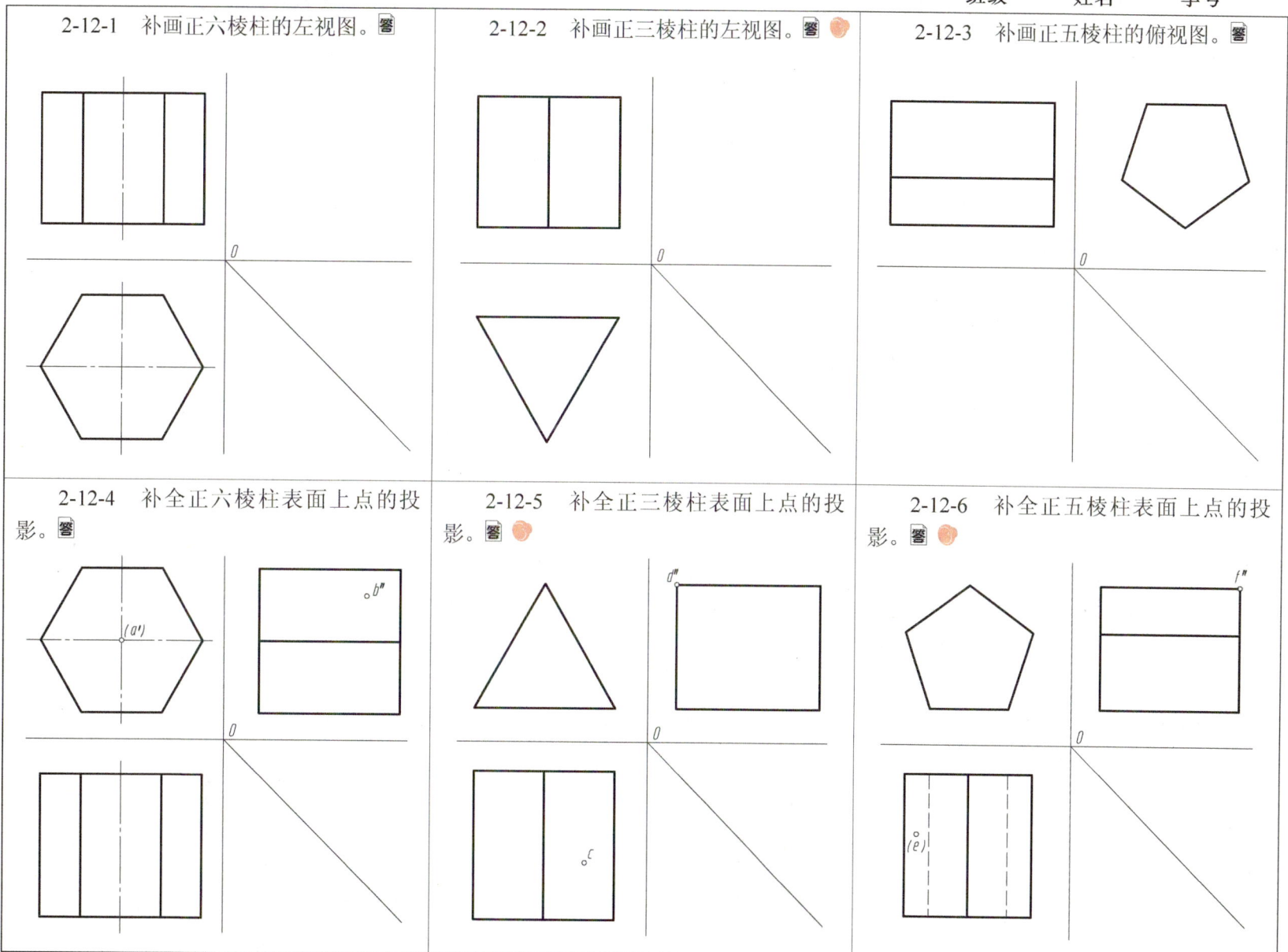

2-13 补画棱柱的第三面视图

2-13-1 补画斜截正四棱柱的左视图。

2-13-2 补画切口正六棱柱的左视图。

2-13-3 补画切口正三棱柱的俯视图。

2-13-4 补画切口正四棱柱的左视图。

2-13-5 补画切口正六棱柱的左视图。

2-13-6 补画切口四棱柱的主视图。

班级　　姓名　　学号

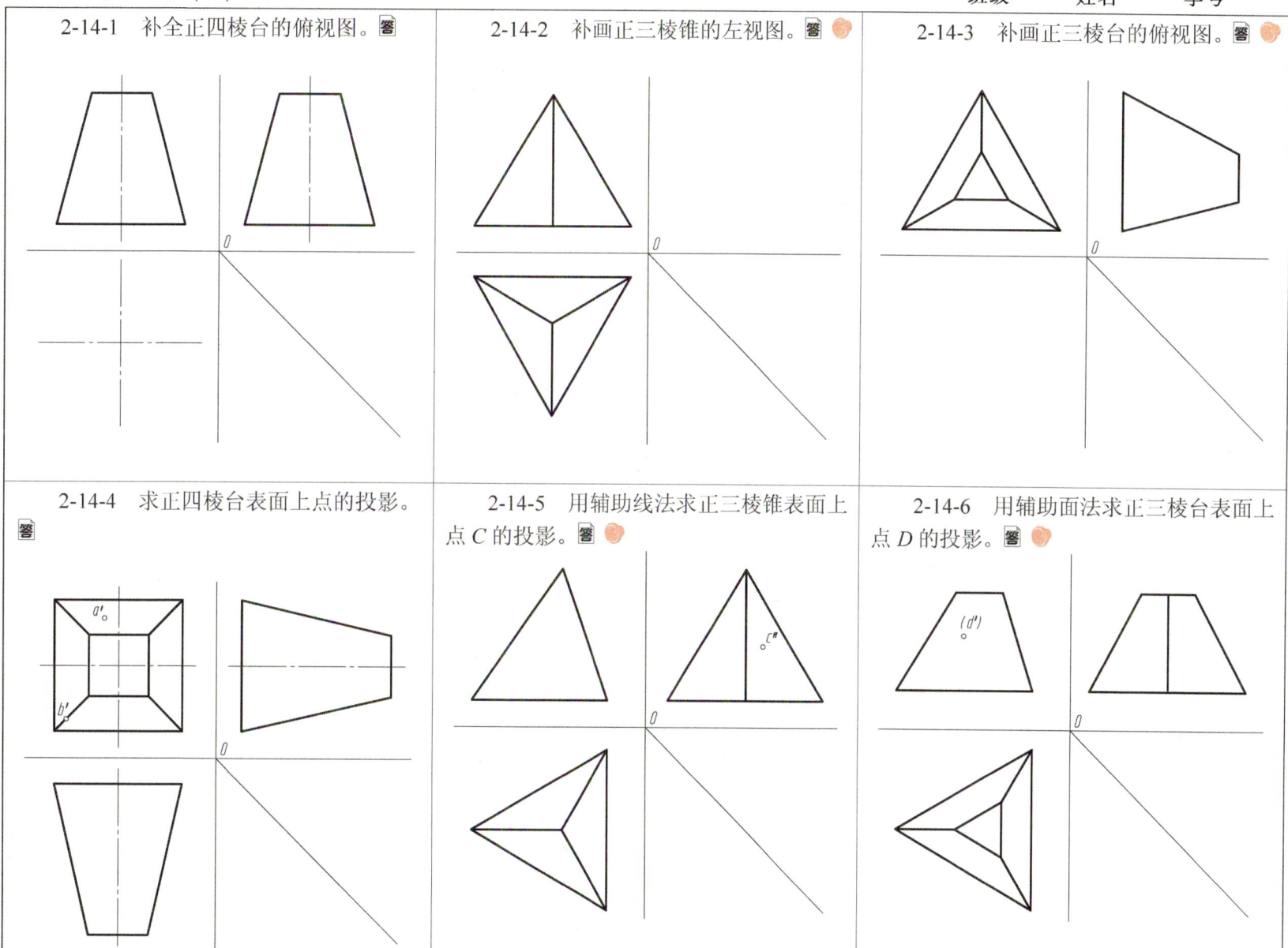

2-15 棱锥的投影（二）

2-15-1 补画切口四棱台的俯视图。

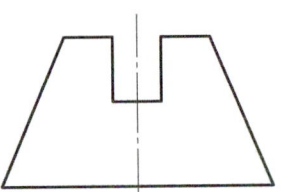 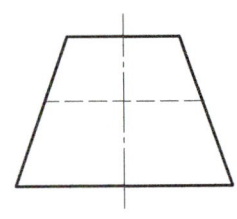

2-15-2 补画切口四棱台的俯视图。

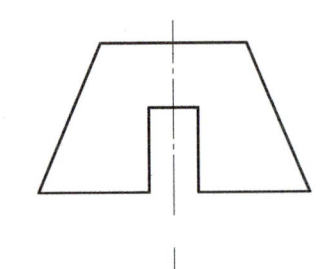 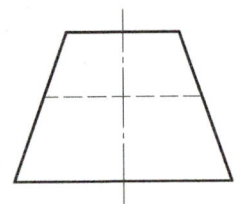

2-15-3 补画切口三棱台的俯视图。

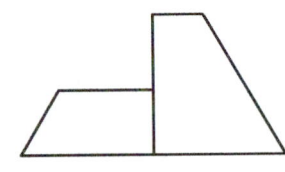 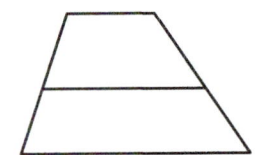

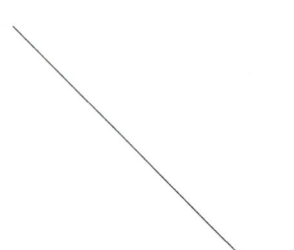

2-15-4 补画切口三棱台的俯视图。

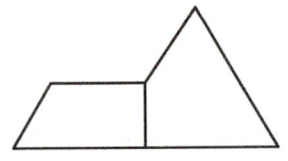 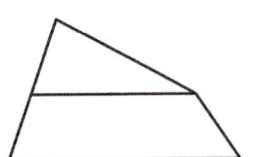

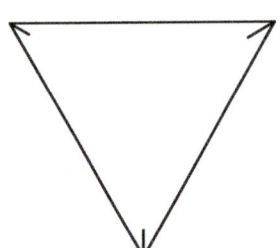 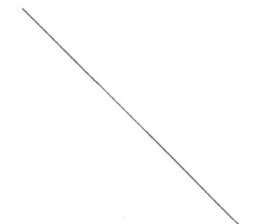

2-16 圆柱的投影（一）

2-16-1 补画半圆筒的左视图。

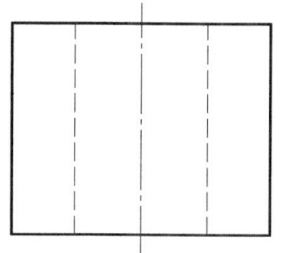

2-16-2 补画半圆筒的主视图。

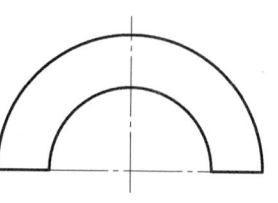

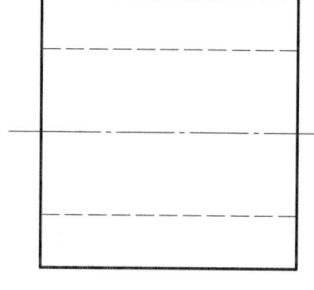

2-16-3 求圆柱表面上点的投影。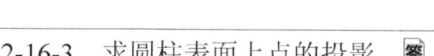

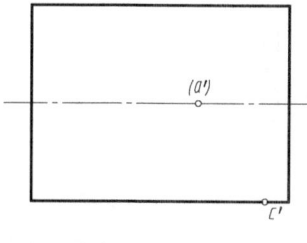

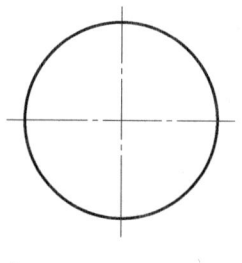

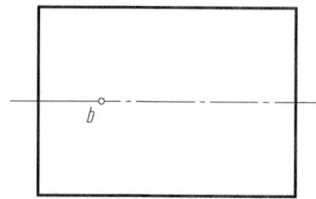

2-16-4 求圆柱表面上点的投影。

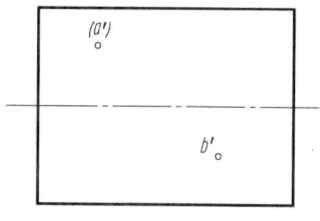

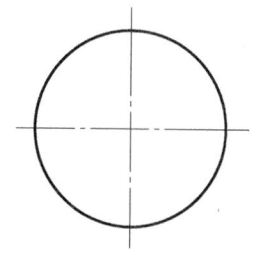

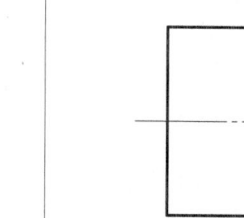

— 35 —

2-17 圆柱的投影（二）

班级　　　　姓名　　　　学号

2-17-1　补画切口圆柱的左视图。

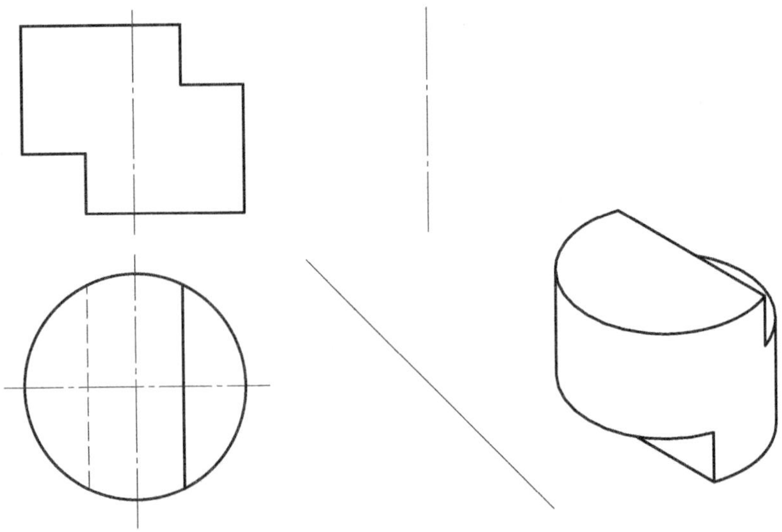

2-17-2　补画切口圆柱的左视图。

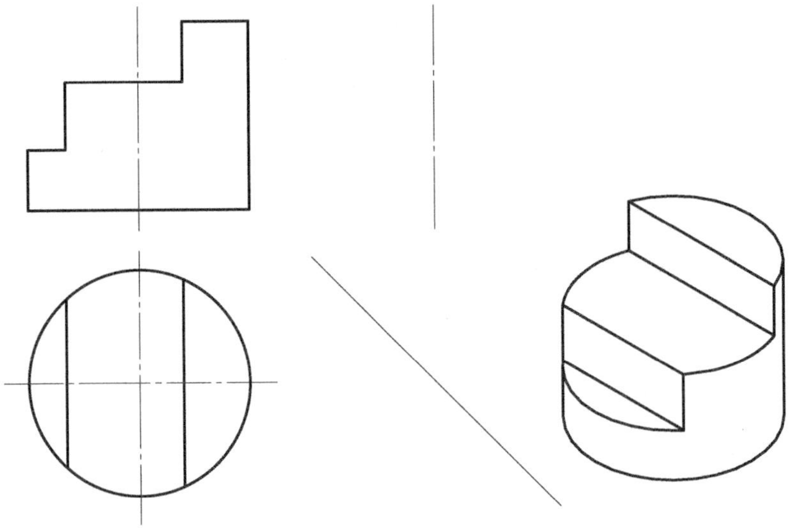

2-17-3　补画切口圆柱的左视图。

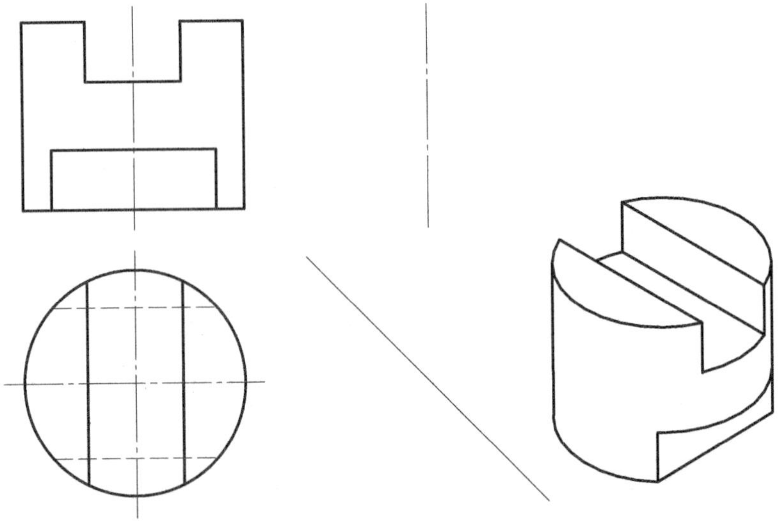

2-17-4　补画切口圆柱的左视图。

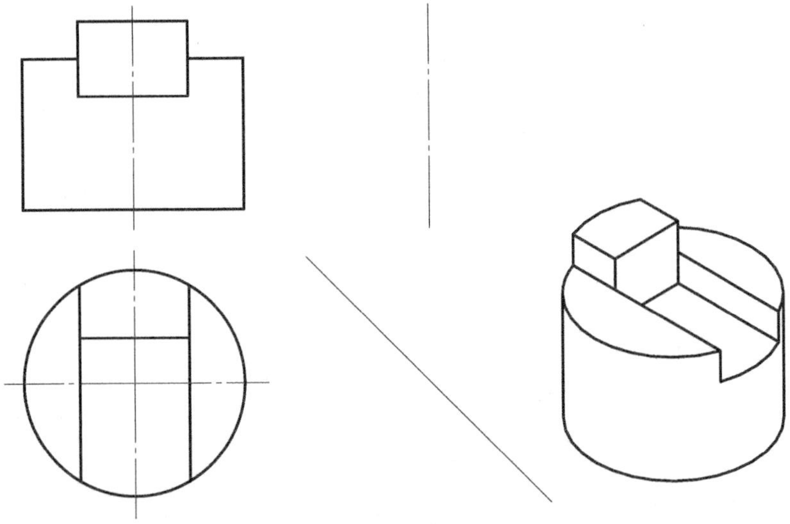

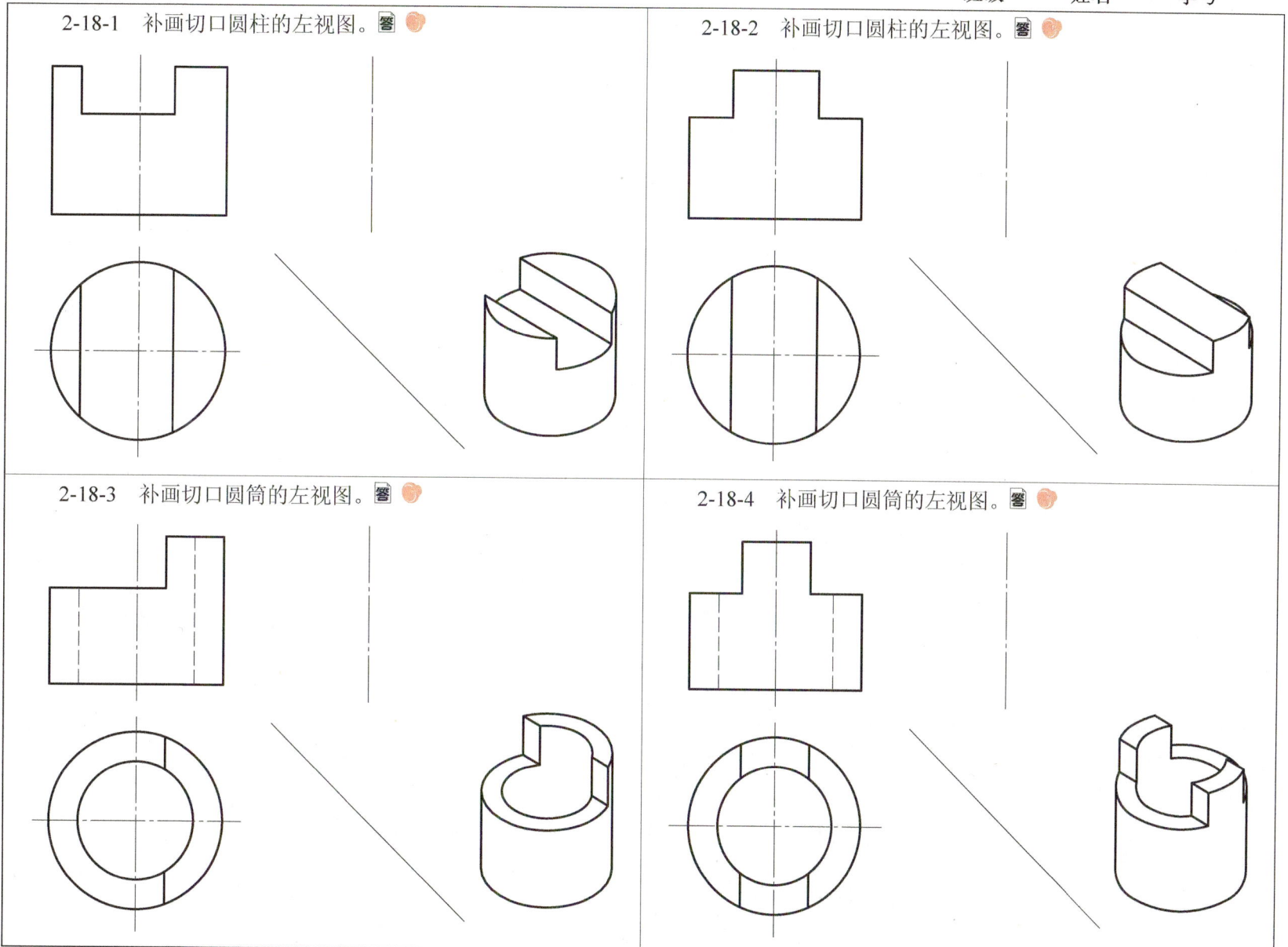

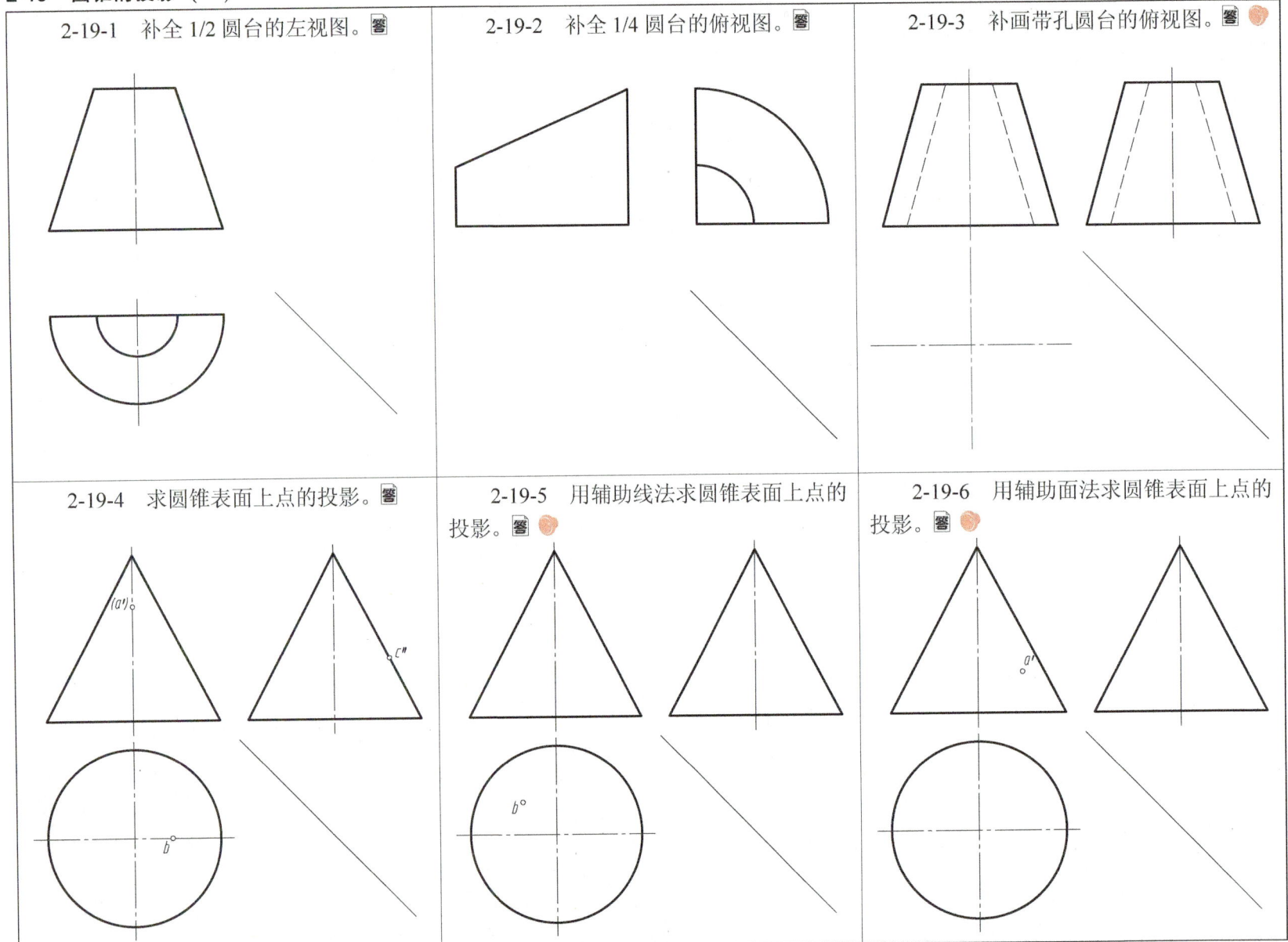

2-20 圆锥的投影（二）

2-20-1 补画斜截圆锥的左、俯视图。

2-20-2 补画切口圆台的俯视图。

2-20-3 补画切孔圆锥的俯视图。

2-20-4 补画切口圆锥的俯视图。

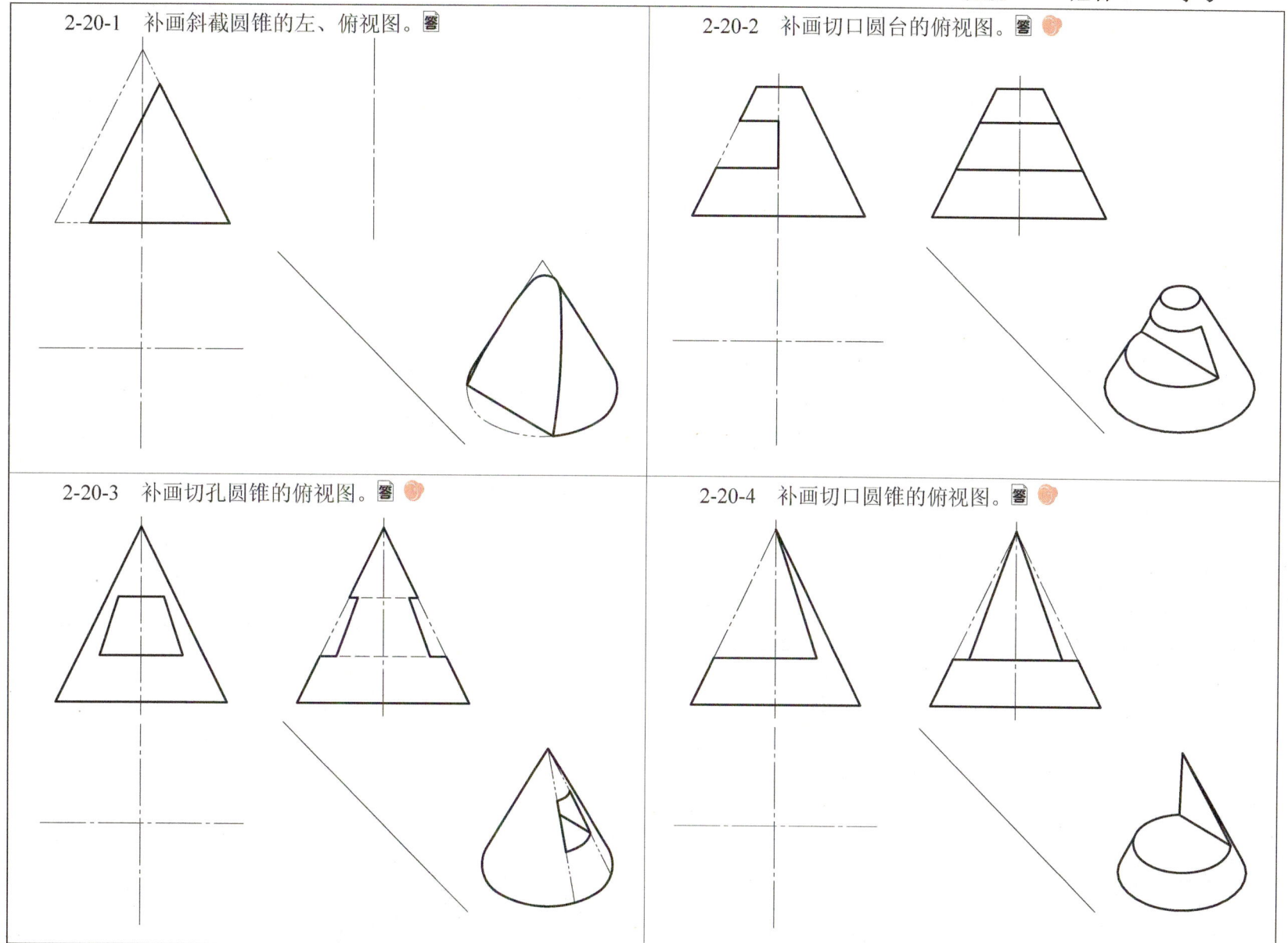

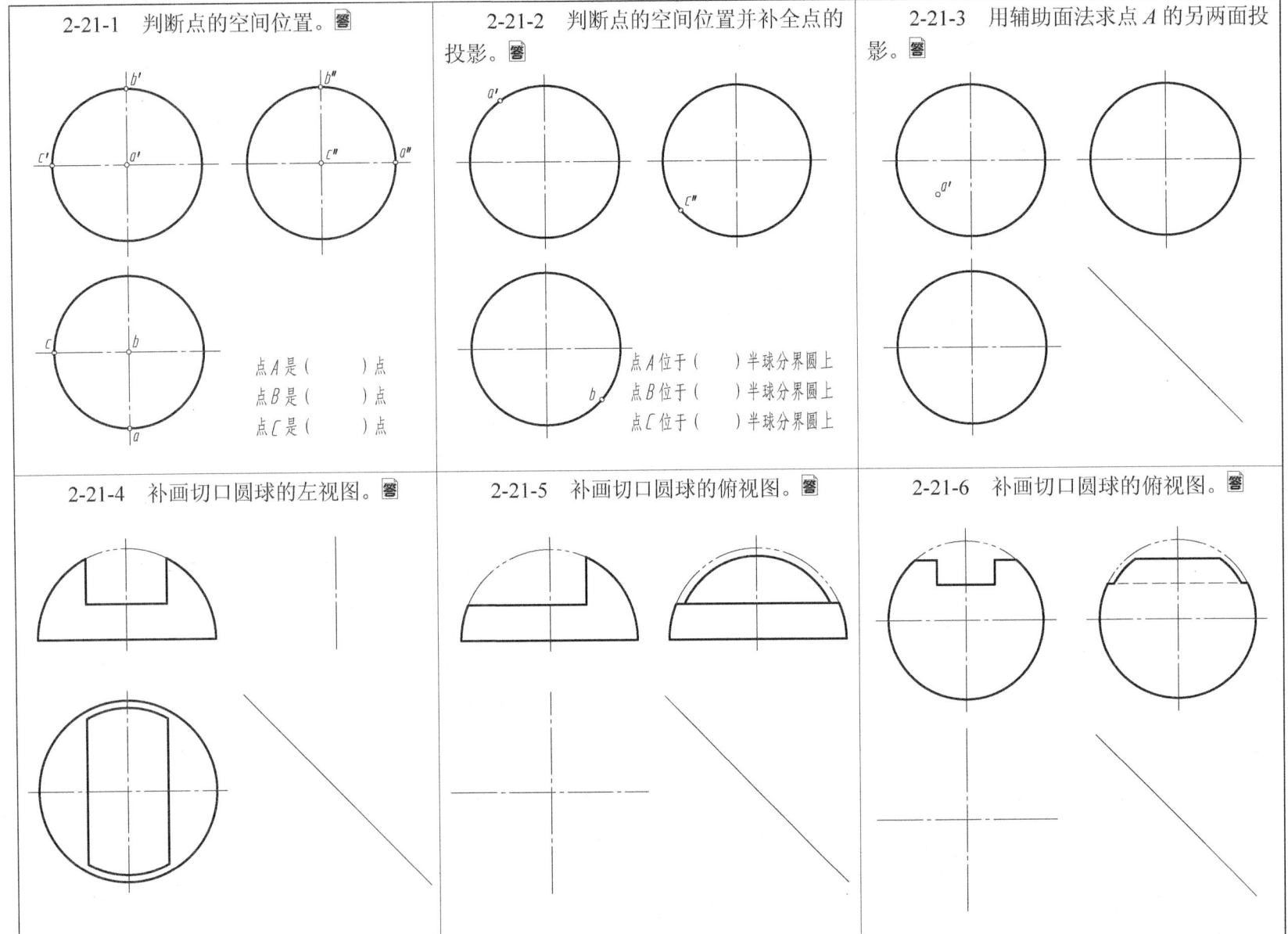

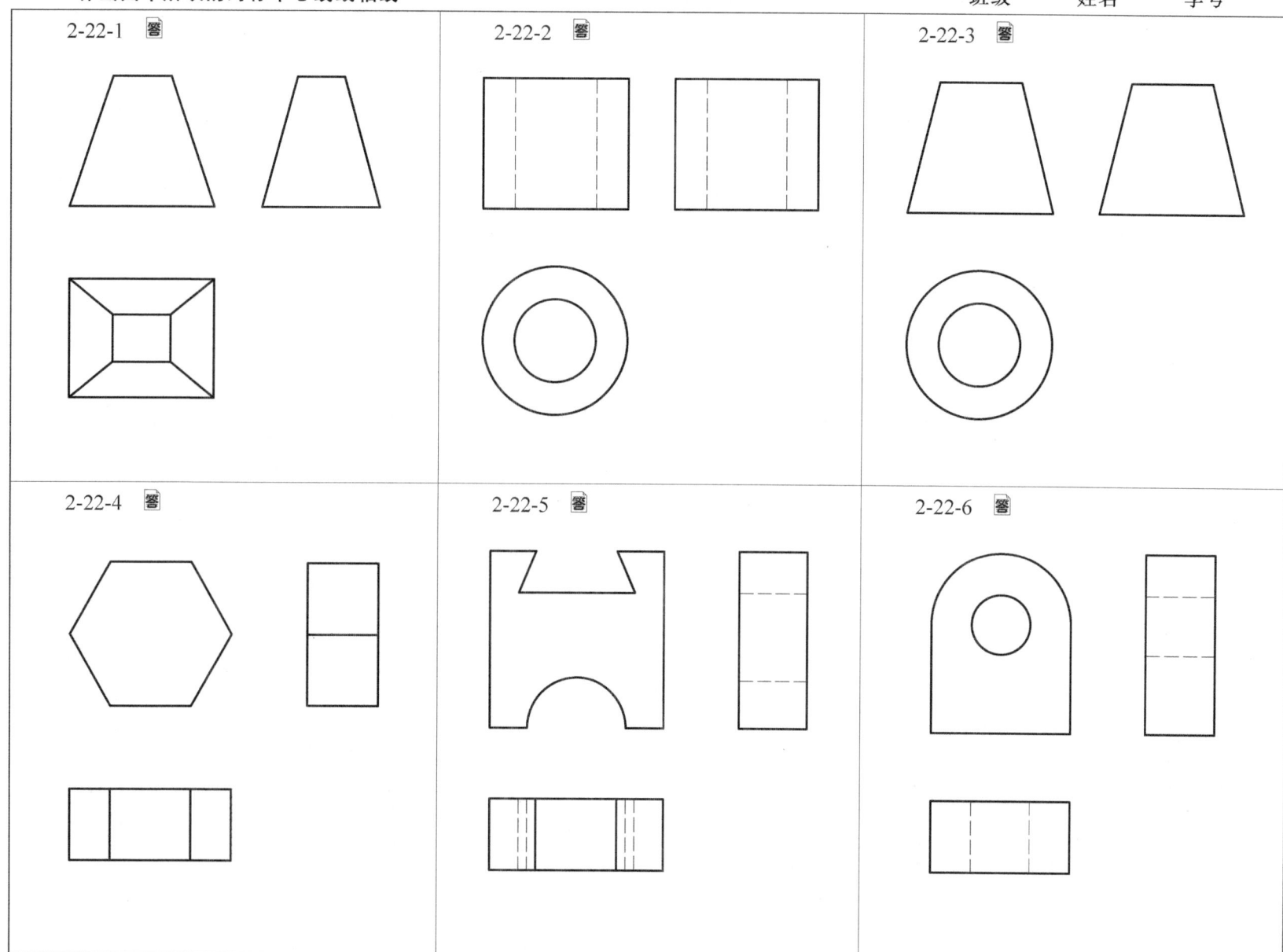

2-23 仔细看看尺寸标注的对比图例，避免标注尺寸时犯同样的错误

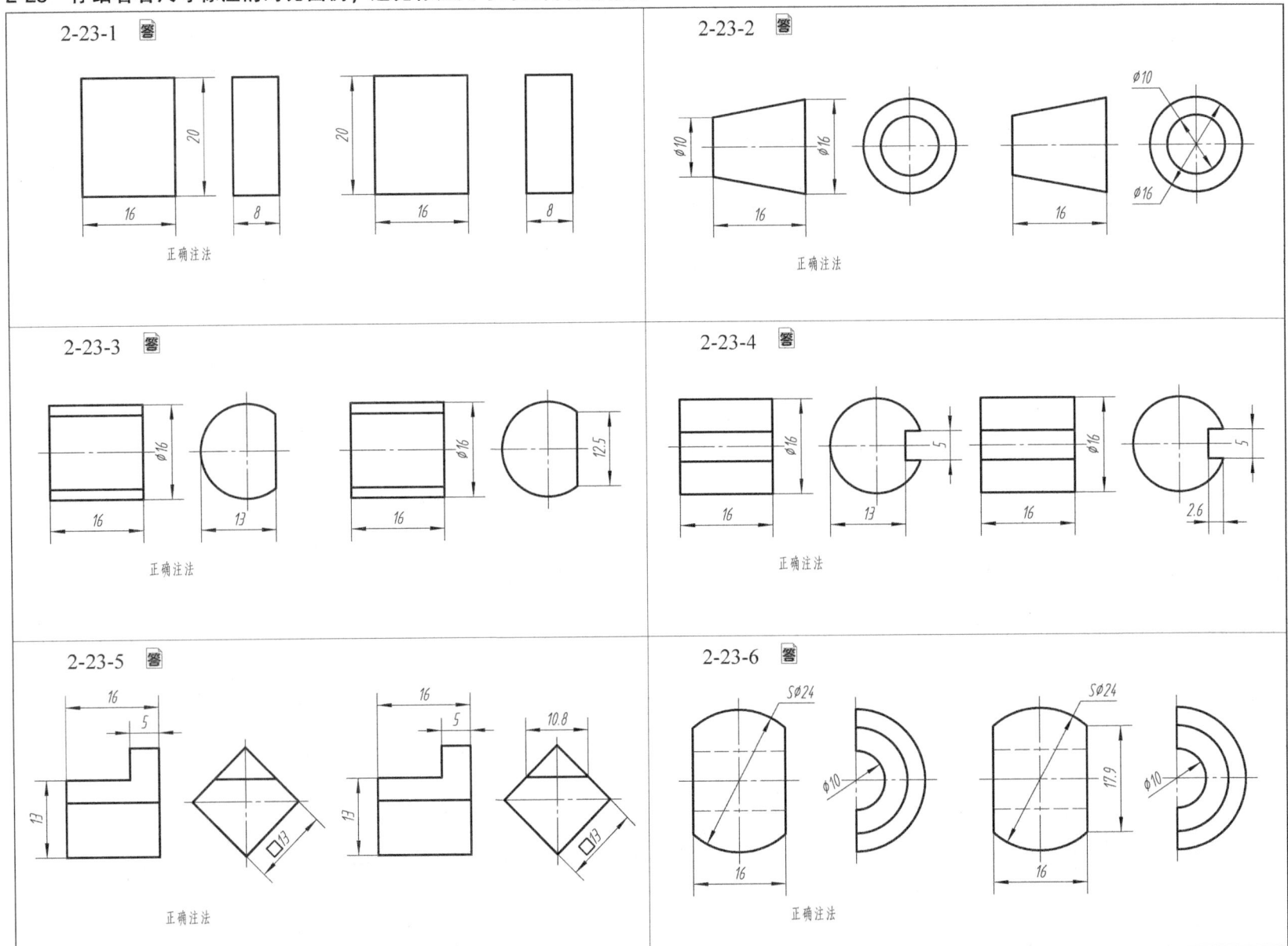

2-24 标注几何体的尺寸，按 1∶1 的比例从图中量取整数   班级 姓名 学号

2-24-1 三棱柱。

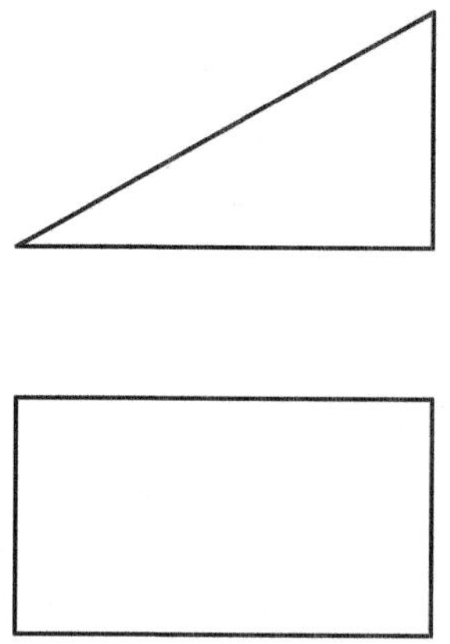

2-24-2 正六棱柱。

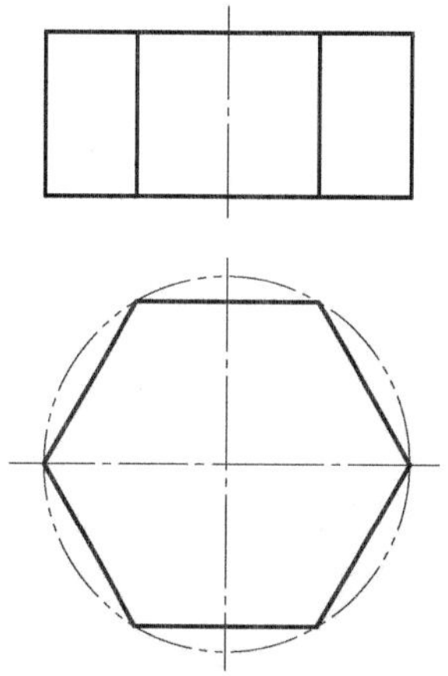

2-24-3 正四棱台。

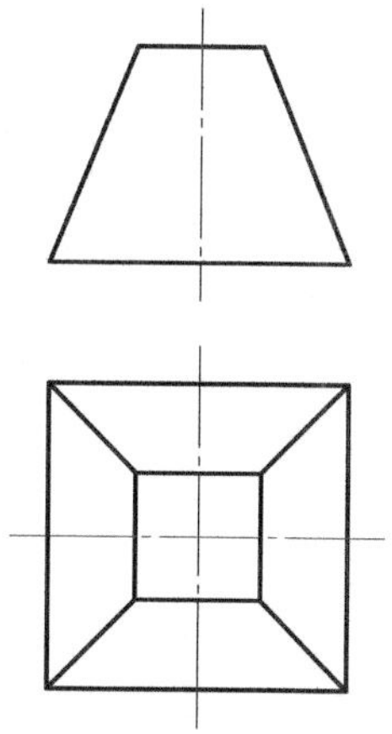

2-24-4 半圆球开槽。

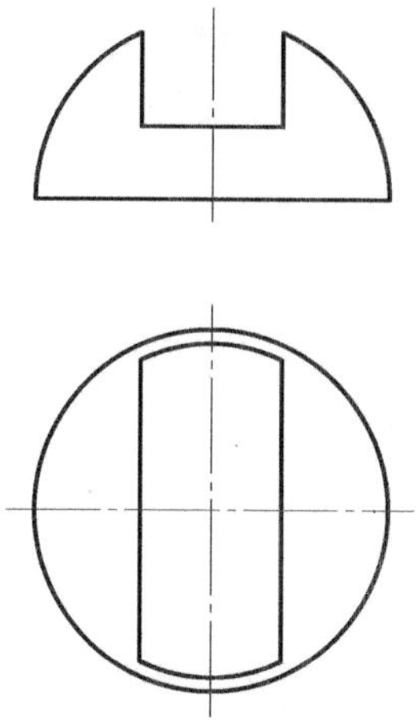

2-24-5 圆柱开槽。

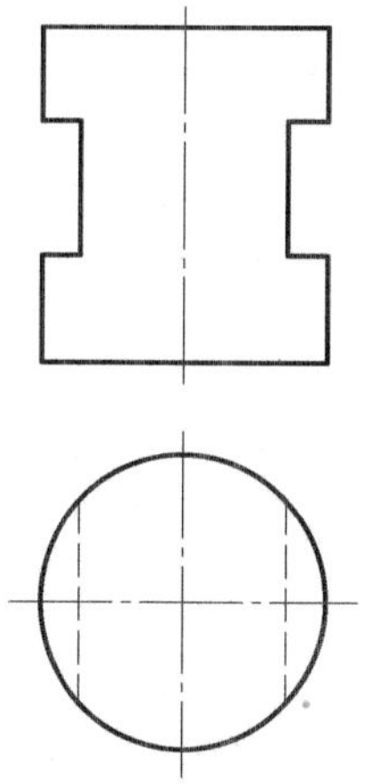

2-24-6 圆台切口。

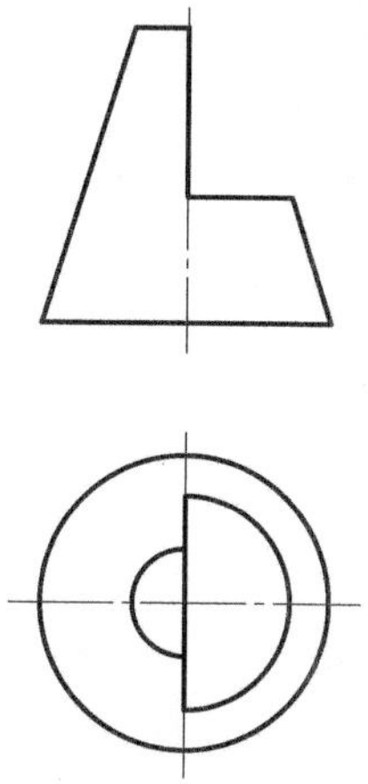

— 43 —

第三章 组合体

3-1 根据主、左视图想象物体的形状，找出正确的俯视图，在其编号上画 √

班级　　姓名　　学号

3-1-1

3-1-2

3-1-3

3-2 找出正确的三视图，在括号内画√

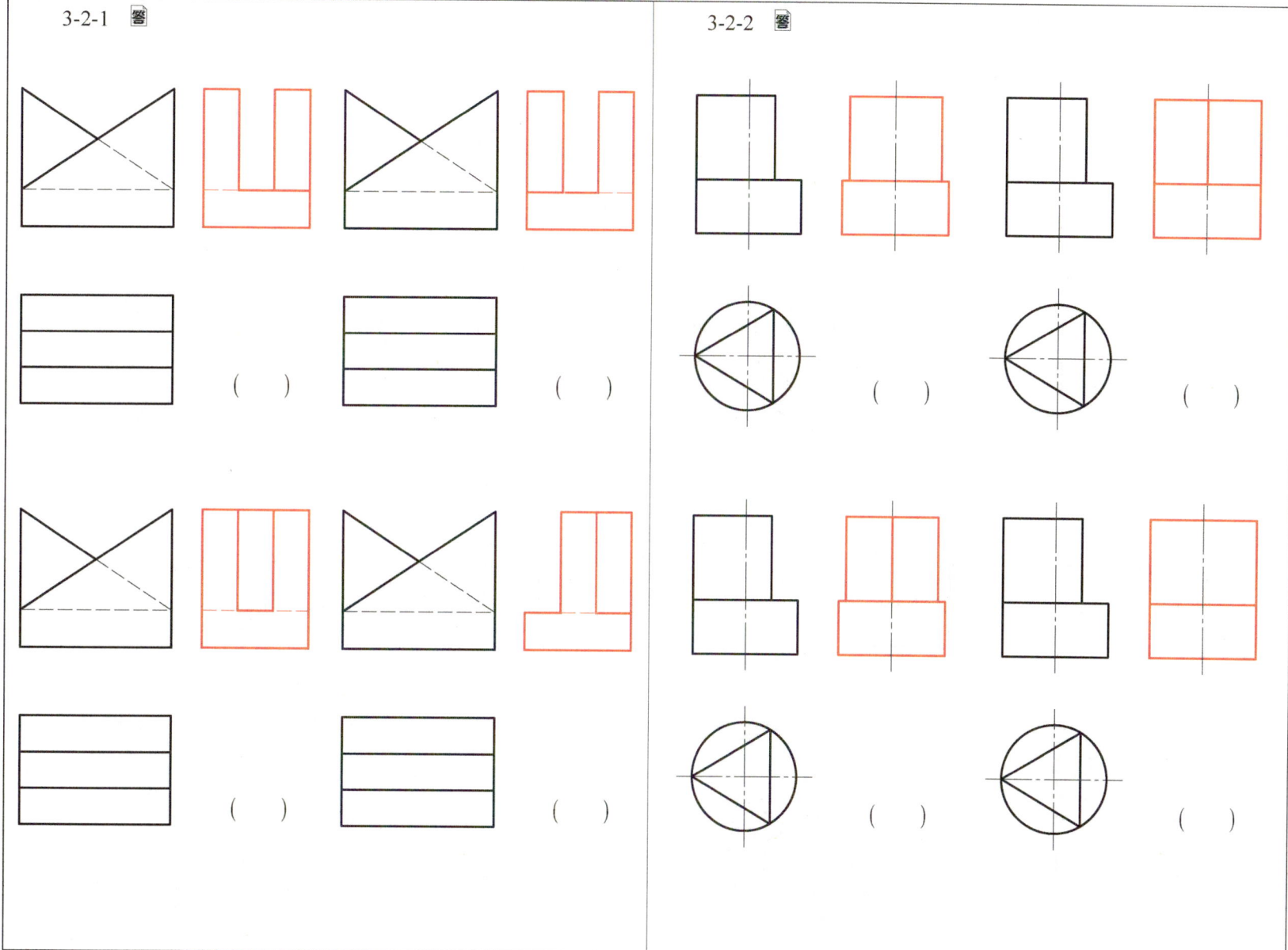

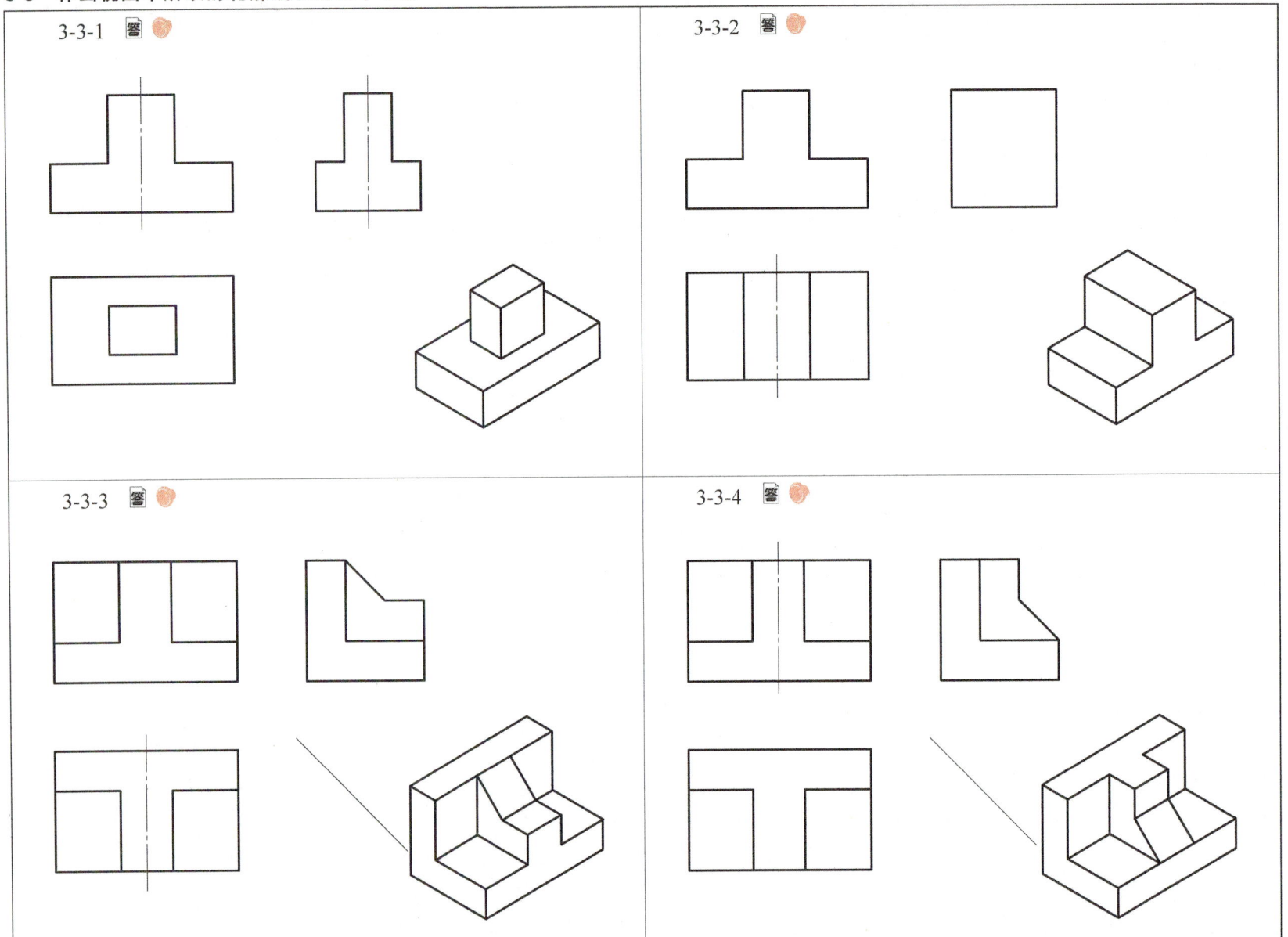

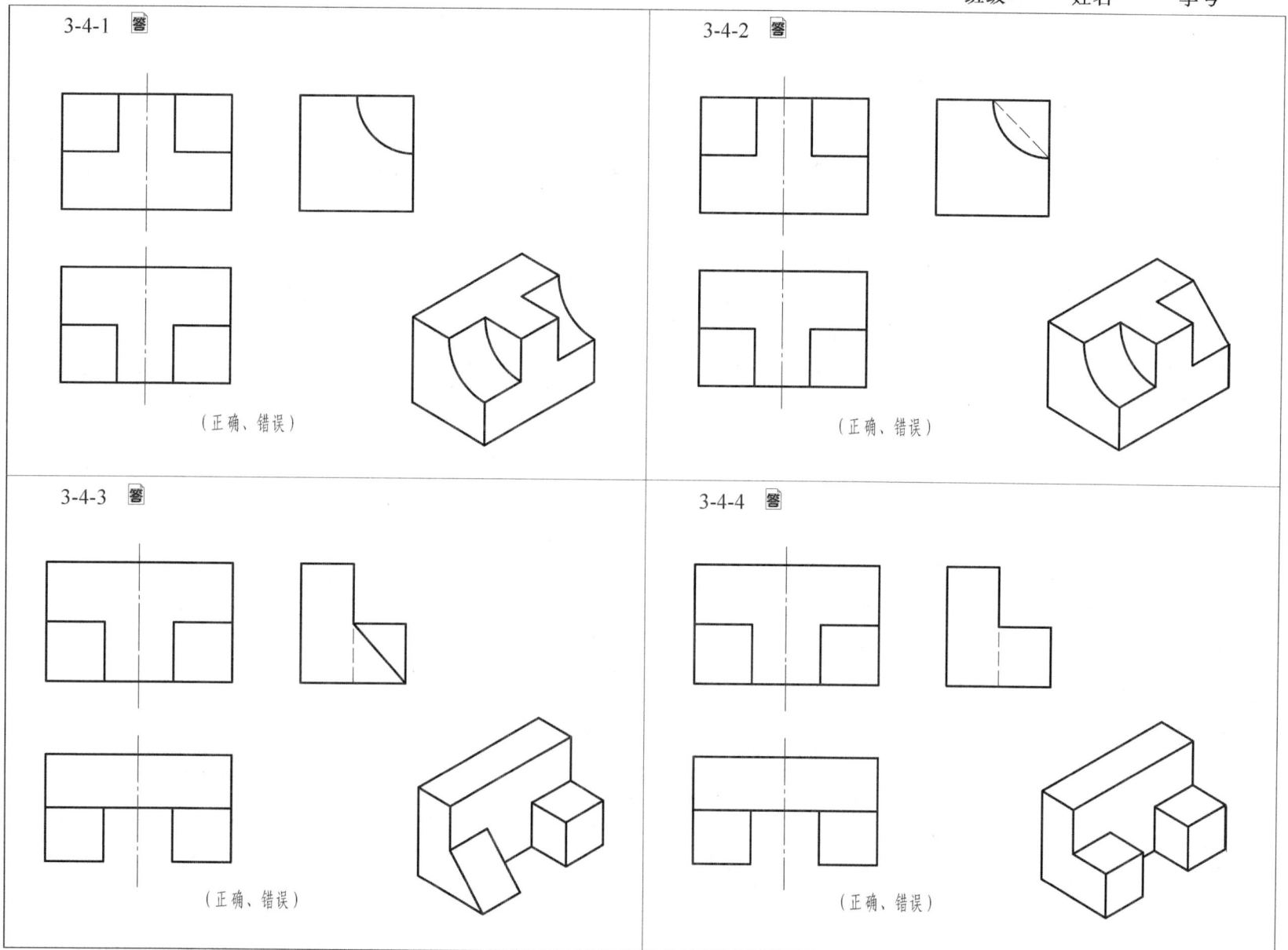

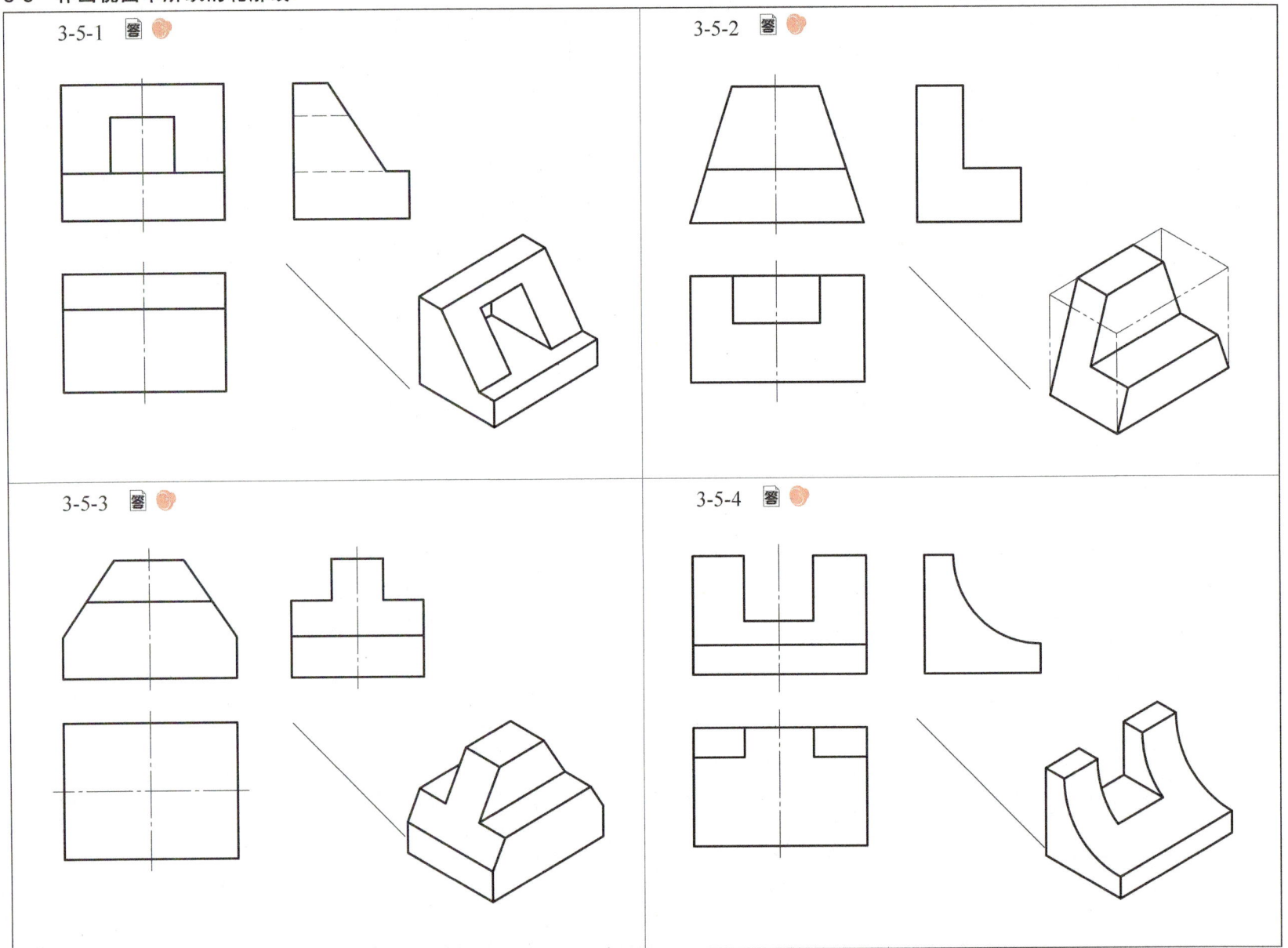

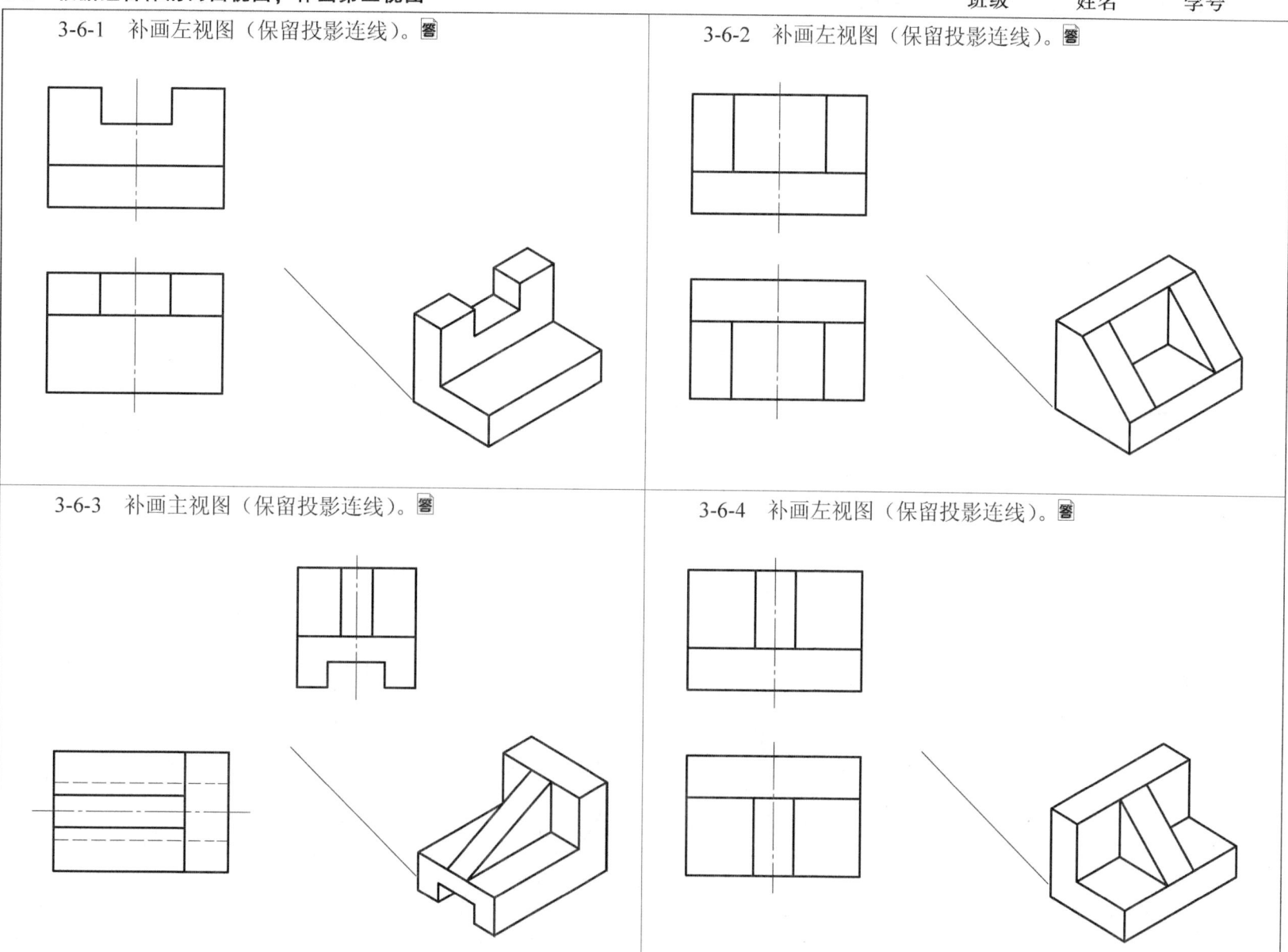

3-7 下列9组组合体视图，请用文字说明它们的构成　　　　　　　班级　　姓名　　学号

3-7-1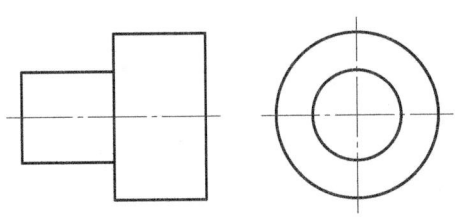

3-7-2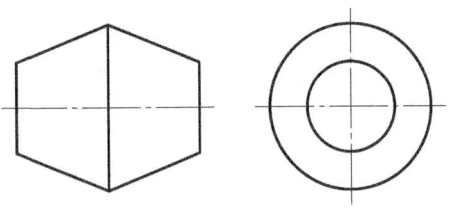

3-7-3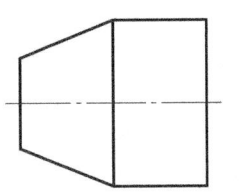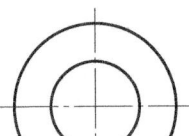

3-7-4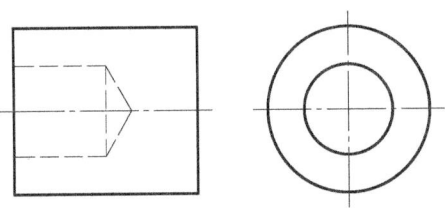

3-7-5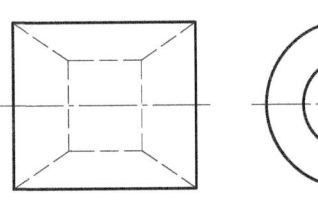

3-7-6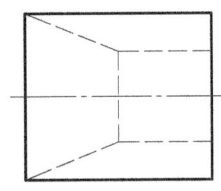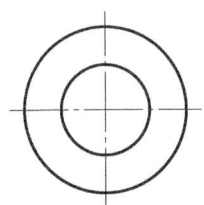

3-7-7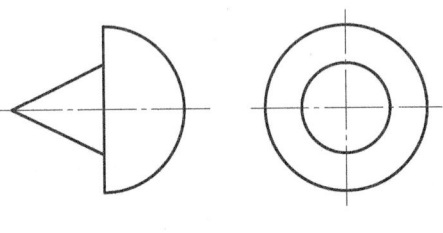

3-7-8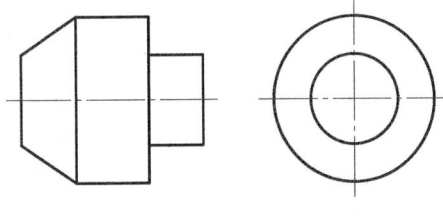

3-7-9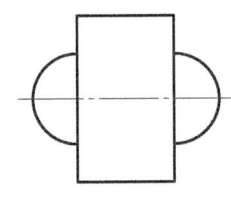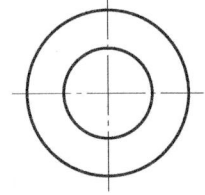

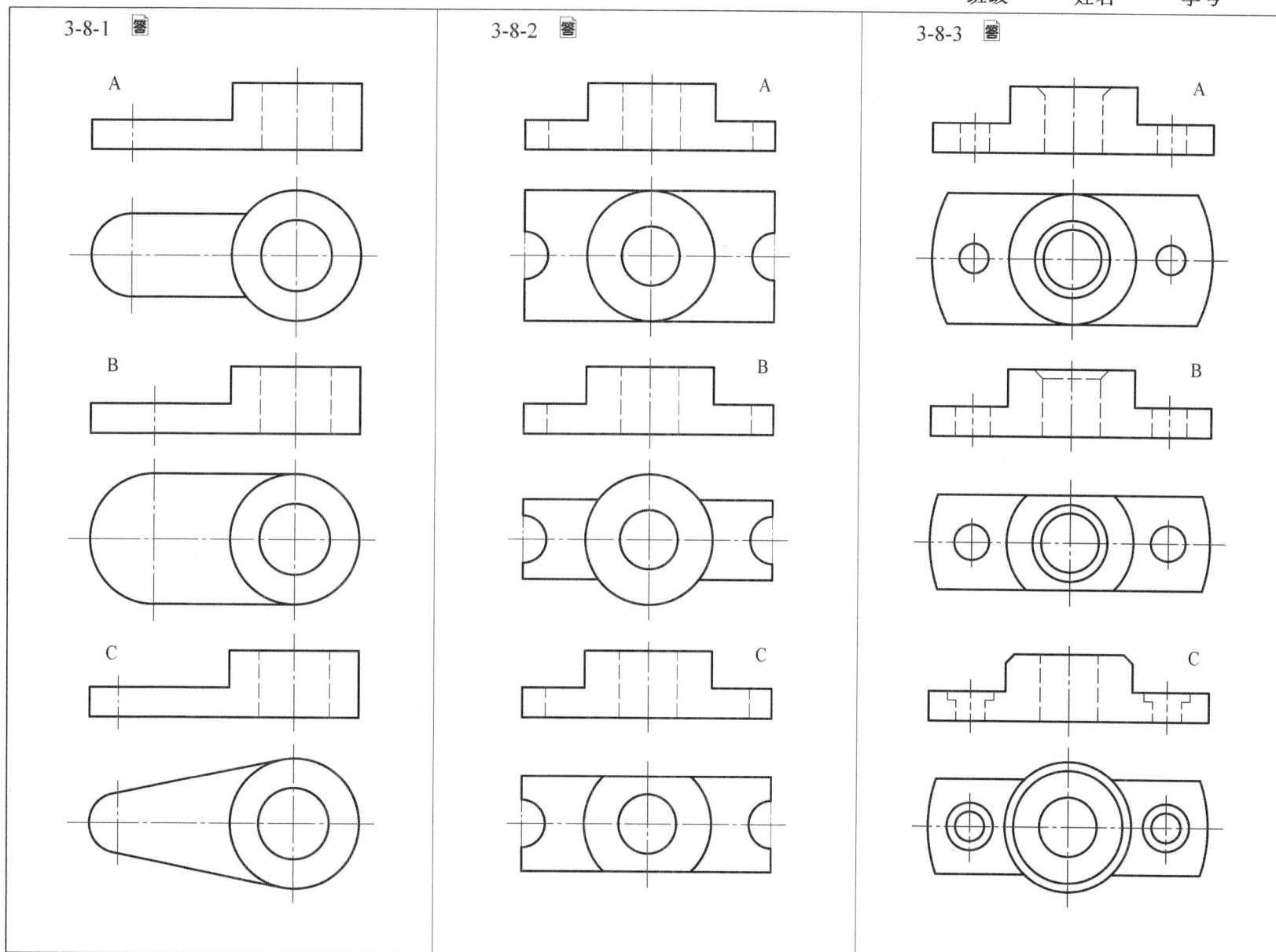

3-9 判别组合体的组合形式，补画所缺的图线

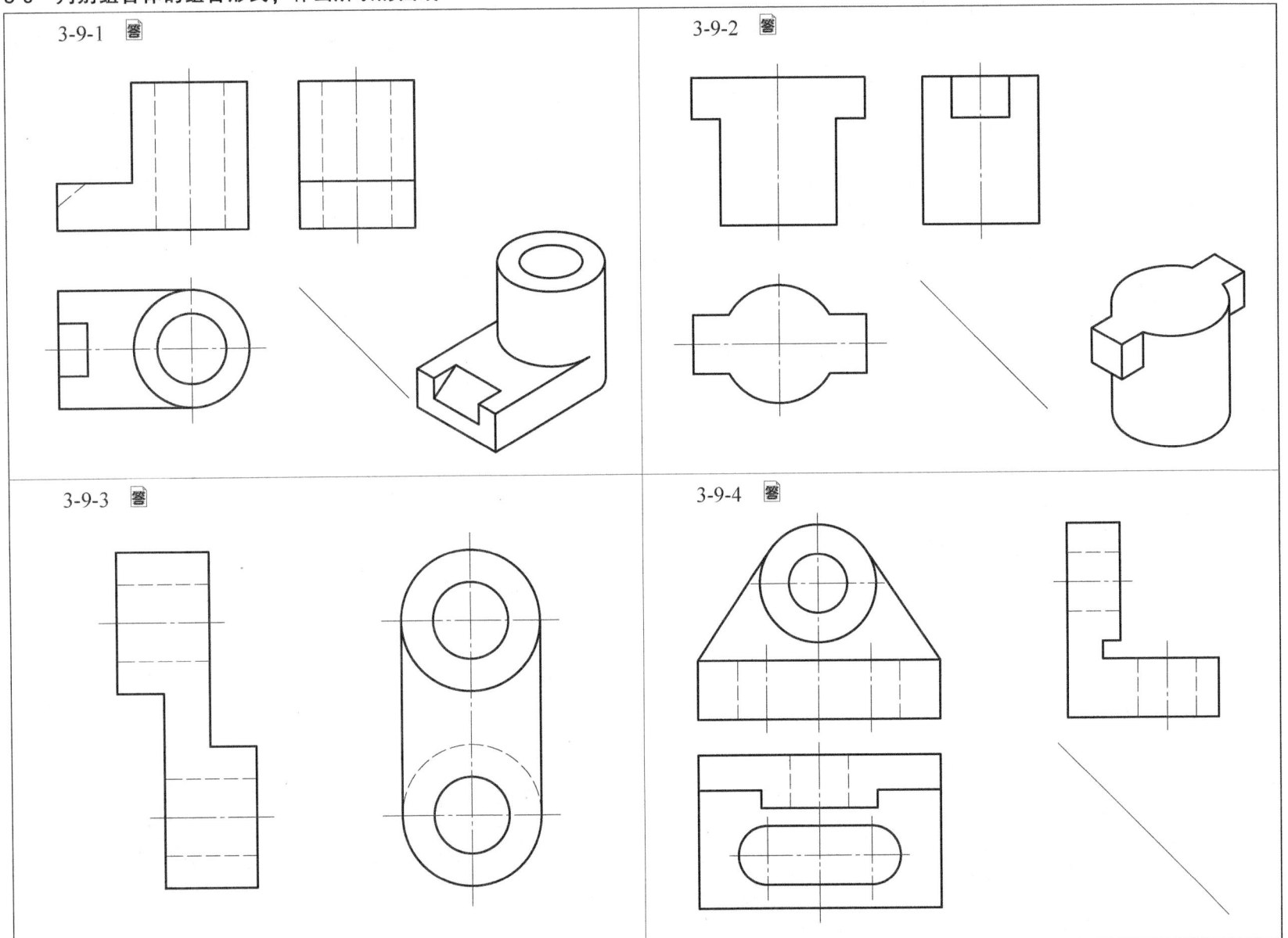

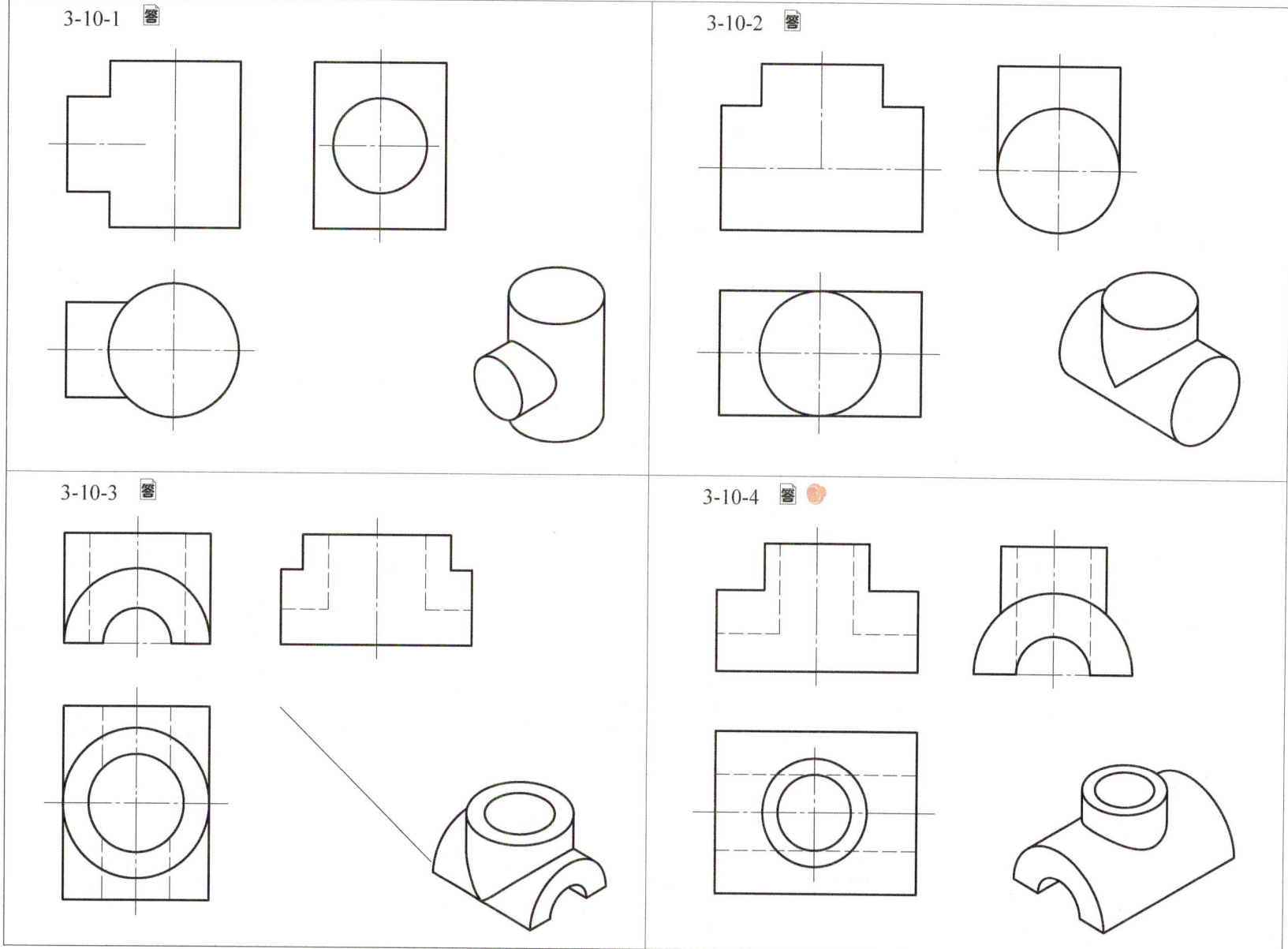

3-11 用简化画法补全相贯线的投影（二）

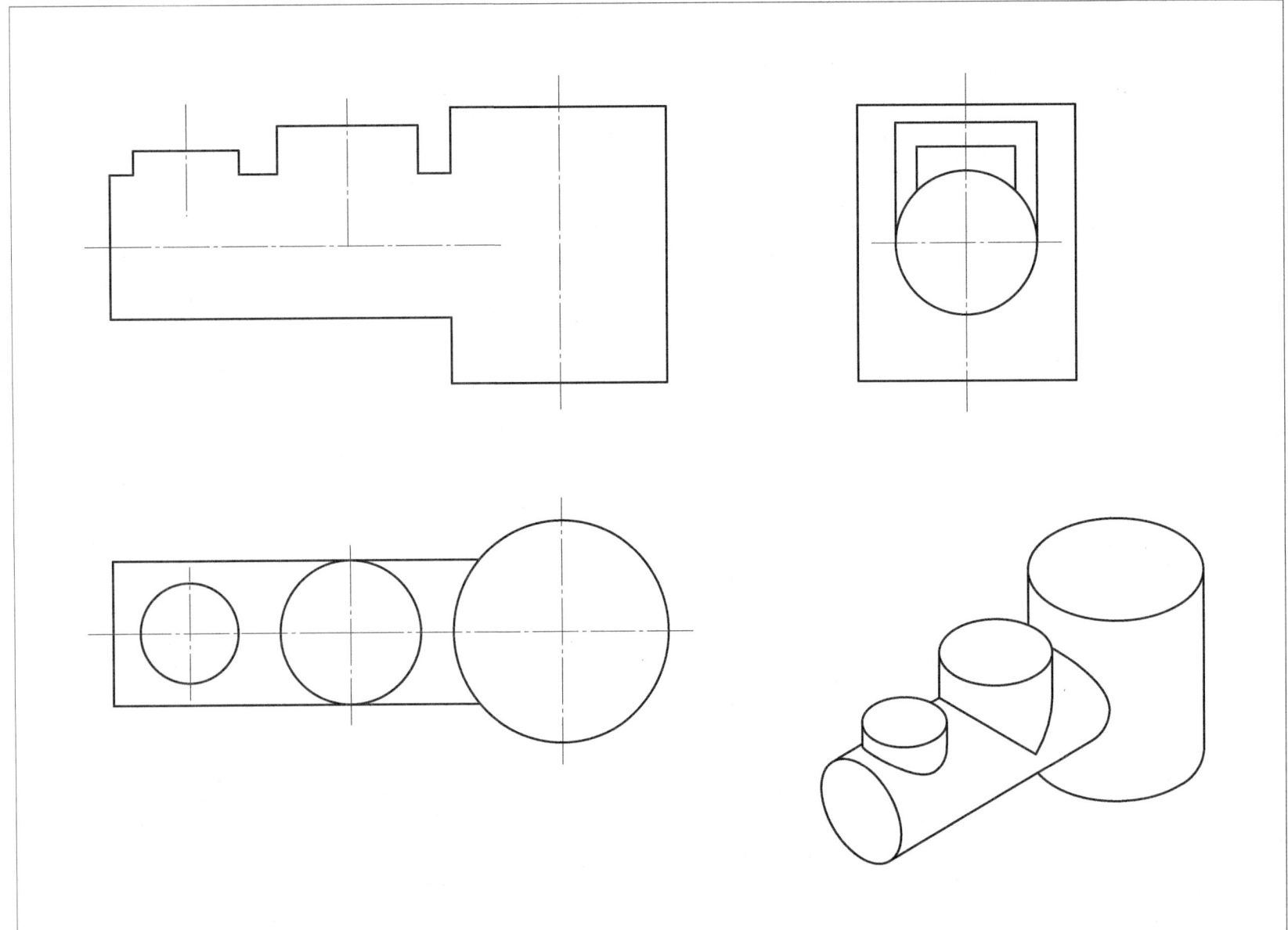

3-12 补画俯视图中的漏线　　　　　　　　　班级　　姓名　　学号

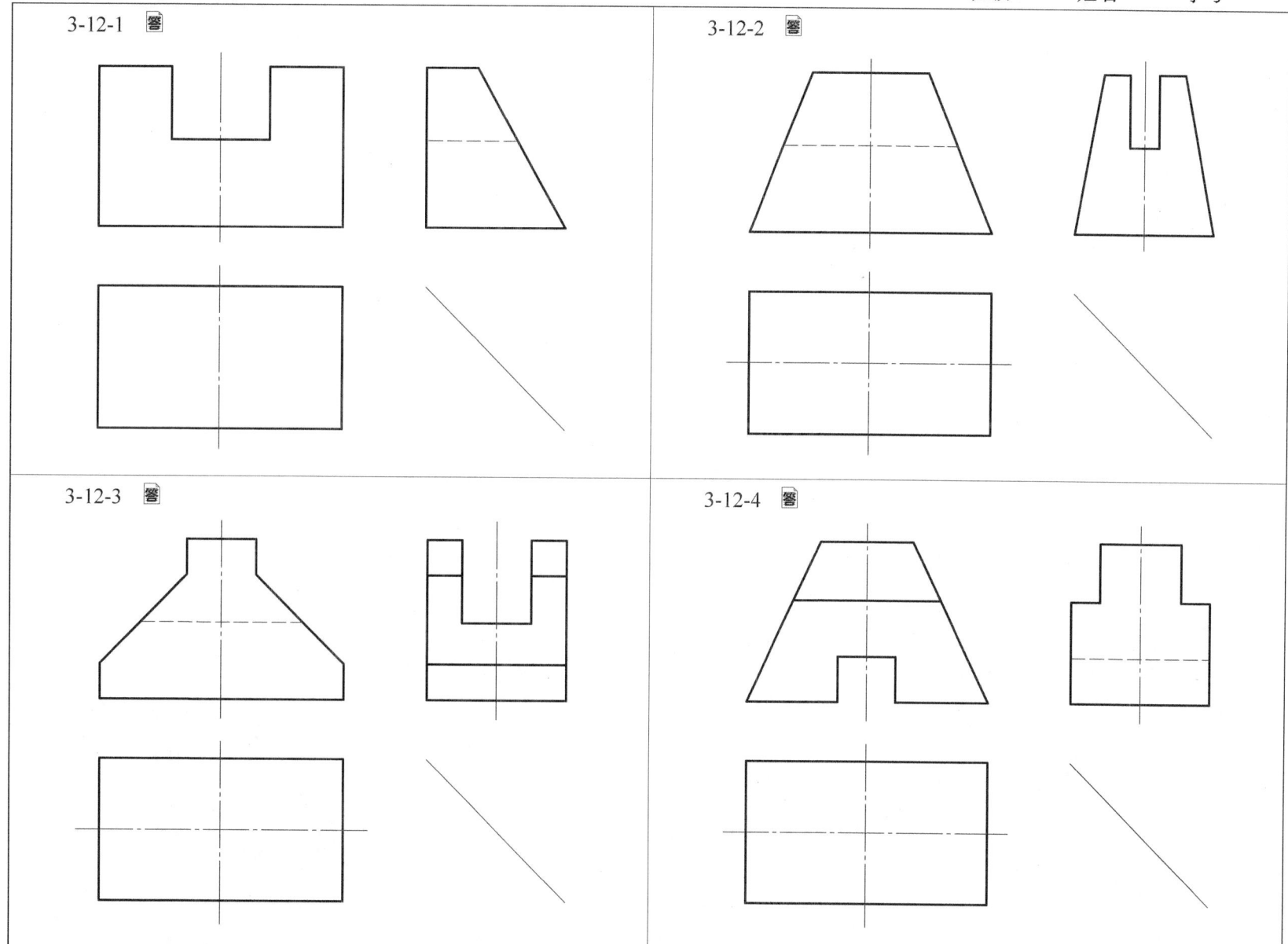

— 55 —

3-13 根据轴测图给定的尺寸画三视图

3-13-1 按 1∶1 的比例画出三视图，不注尺寸。

3-13-2 按 1∶1 的比例画出三视图，不注尺寸。

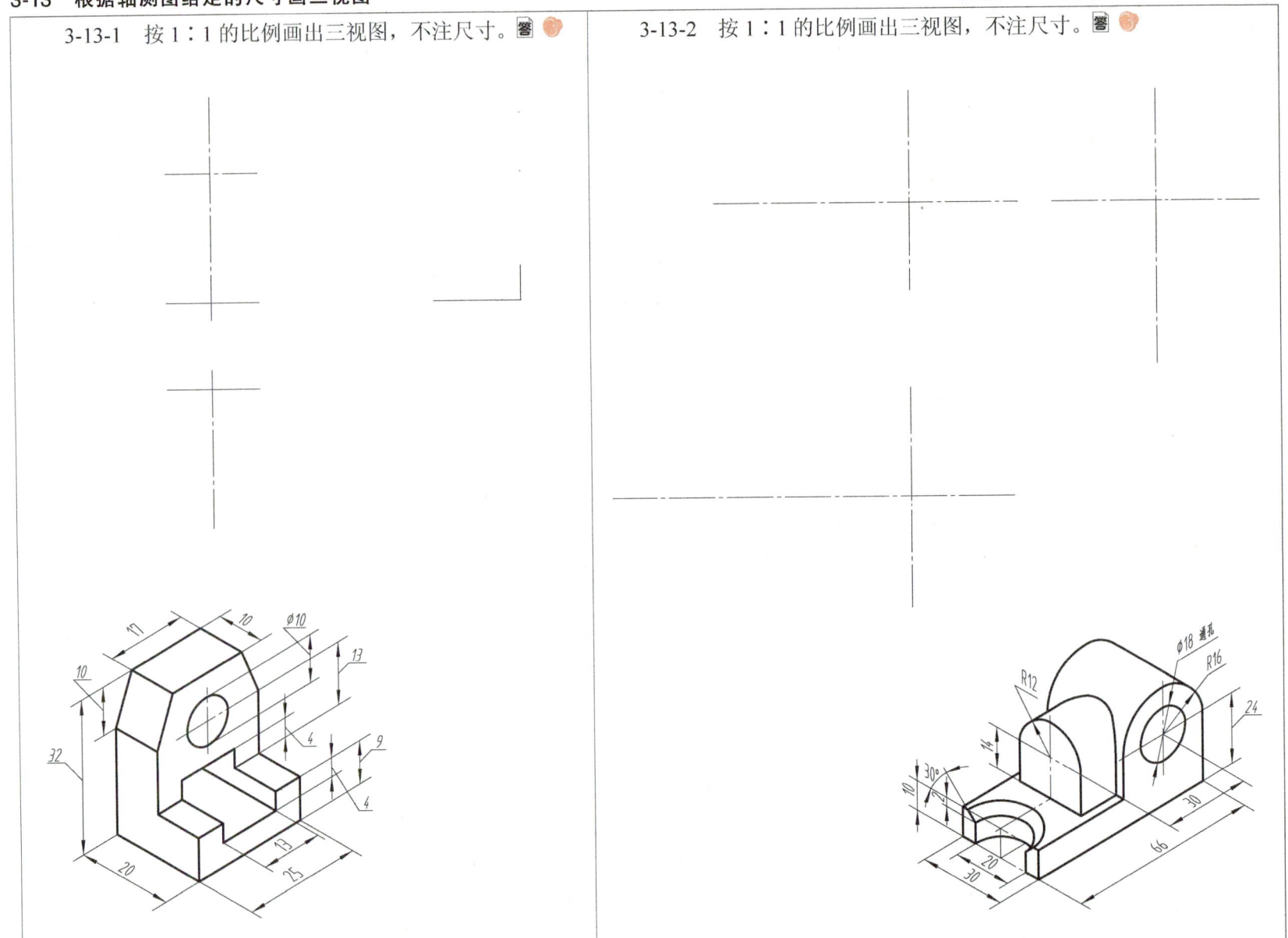

3-14　检查各视图中的尺寸标注是否正确

3-14-1　将标注错误的尺寸打×；修改标注不妥的尺寸。

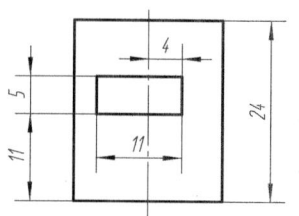
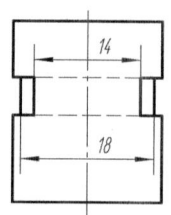
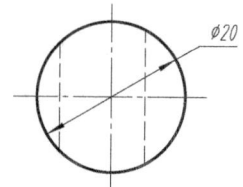

3-14-2　将标注错误的尺寸打×；修改标注不妥的尺寸。

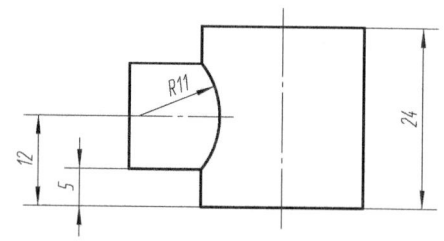
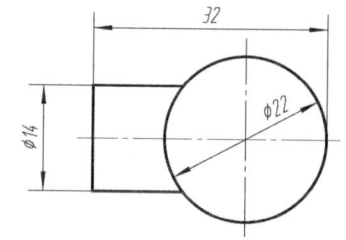

3-14-3　将标注错误的尺寸打×；修改标注不妥的尺寸。

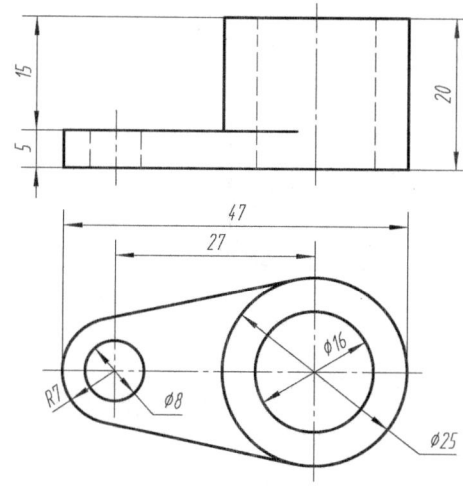

3-14-4　将标注错误的尺寸打×；修改标注不妥的尺寸。

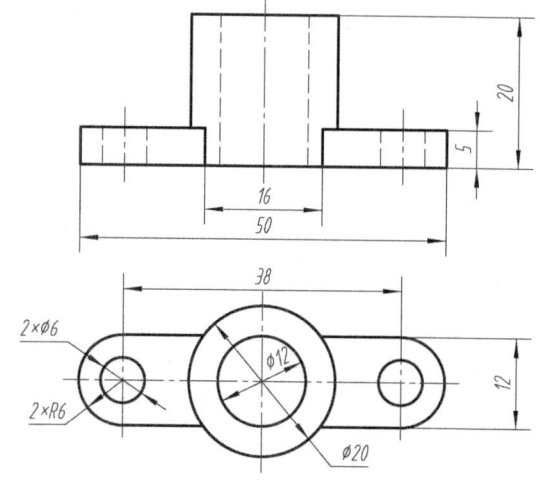

— 57 —

3-15 标注尺寸练习（一）

班级　　　　姓名　　　　学号

3-15-1　标注立板、三角形肋板和底板的尺寸，按 1∶1 的比例从图中量取整数。

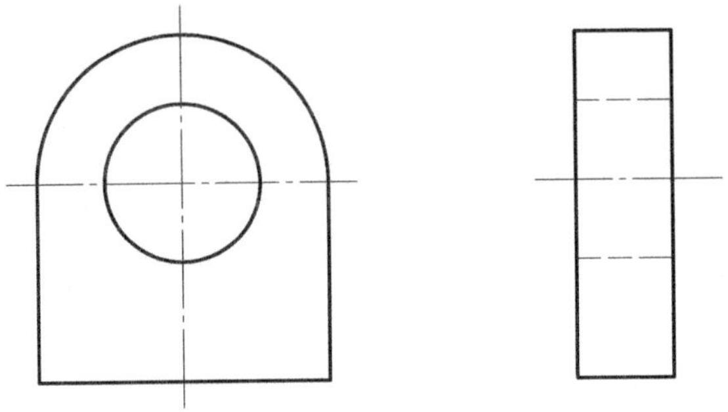

立 板

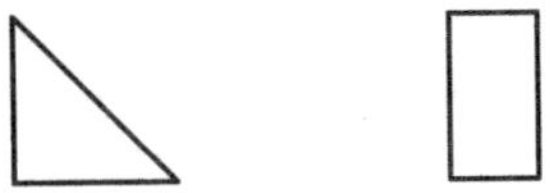

三角形肋板

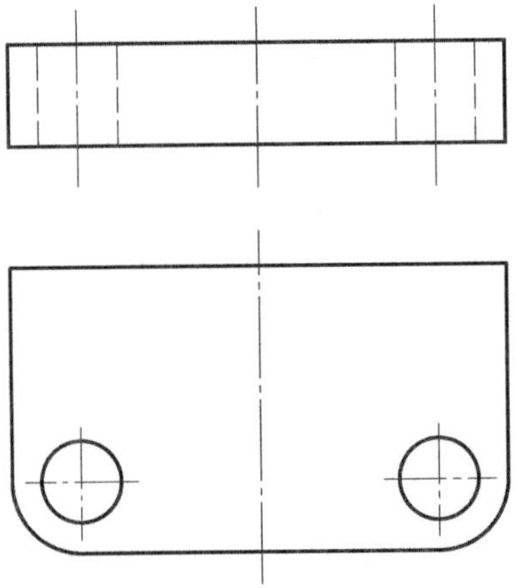

底 板

3-15-2　标注组合体的尺寸，按 1∶1 的比例从图中量取整数。

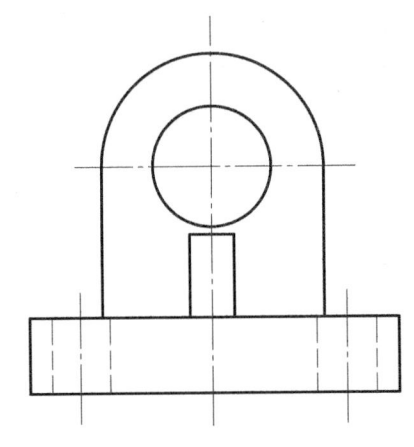

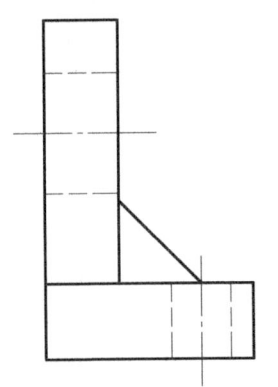

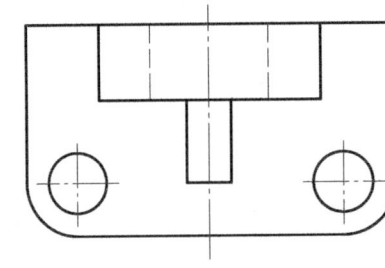

3-16 标注尺寸练习（二）

3-16-1 用箭头线（↗）标出组合体三个方向的尺寸基准；补全视图中遗漏的尺寸（尺寸数值按 1∶1 的比例从图中量取整数）。

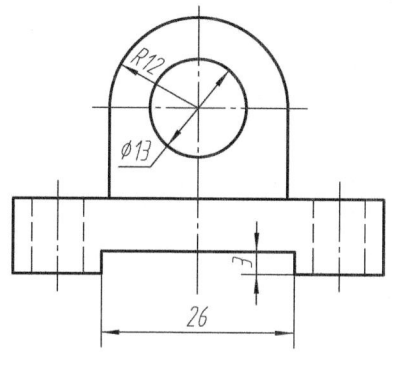
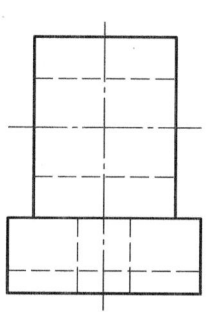
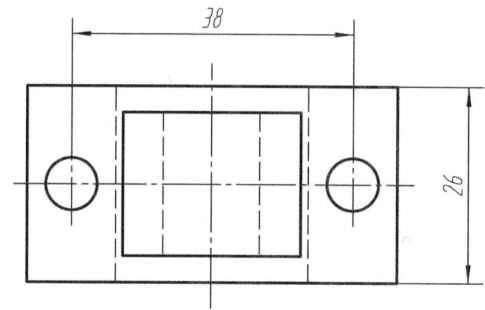

3-16-2 用箭头线（↗）标出组合体三个方向的尺寸基准；补全视图中遗漏的尺寸（尺寸数值按 1∶1 的比例从图中量取整数）。

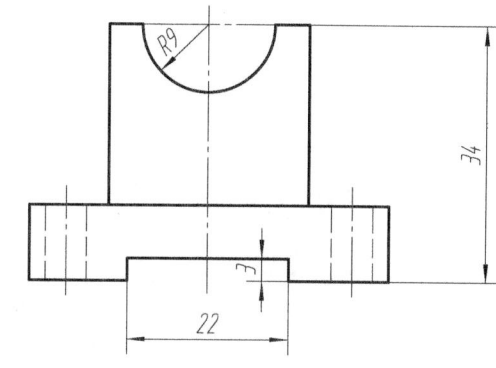
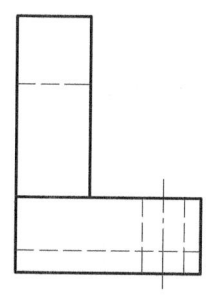
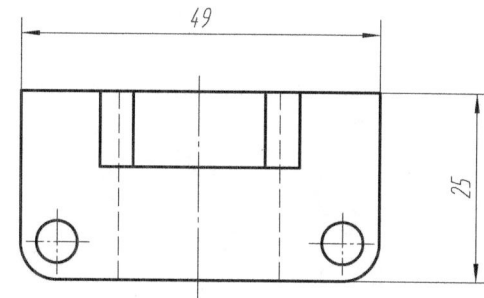

3-17 标注尺寸练习（三）

3-17-1 标注组合体尺寸，尺寸数值按 1∶1 的比例从图中量取整数。

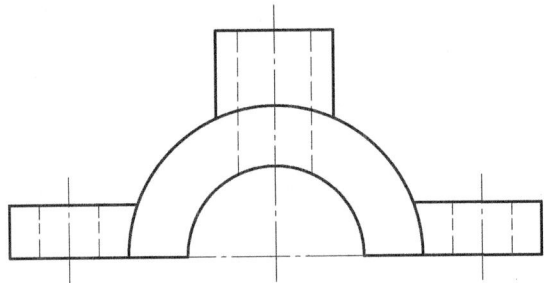

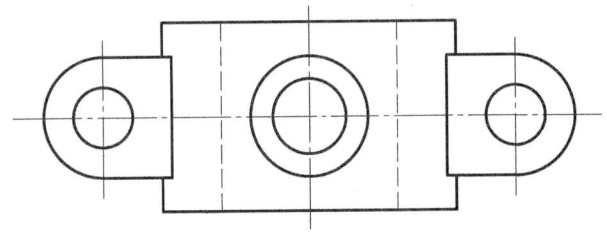

3-17-2 标注组合体尺寸，尺寸数值按 1∶1 的比例从图中量取整数。

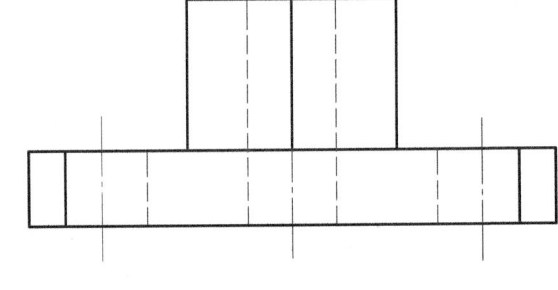

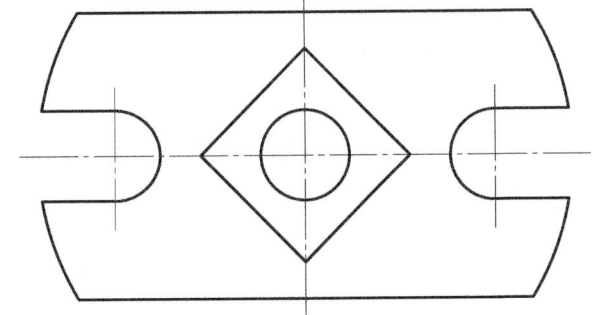

3-18 标注尺寸练习（四）

3-18-1 标注组合体尺寸，尺寸数值按 1∶1 的比例从图中量取整数。

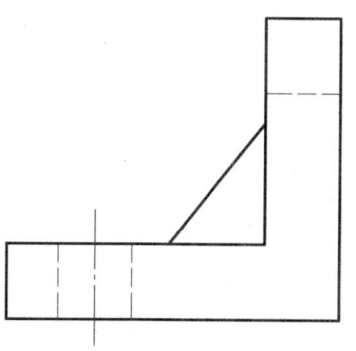
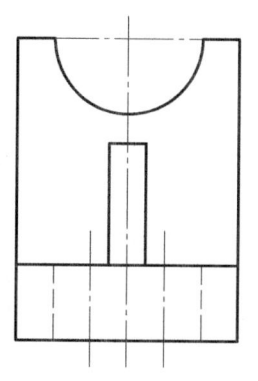
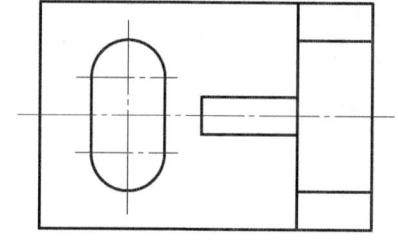

3-18-2 标注组合体尺寸，尺寸数值按 1∶1 的比例从图中量取整数。

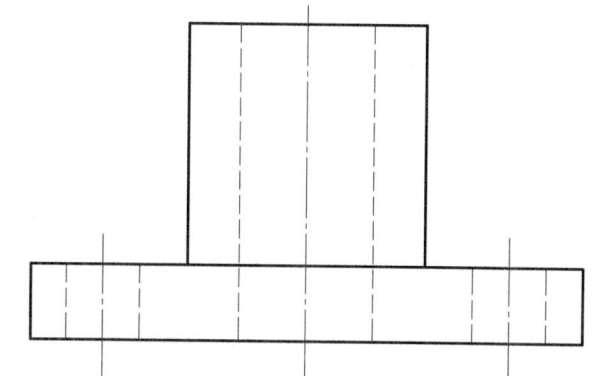
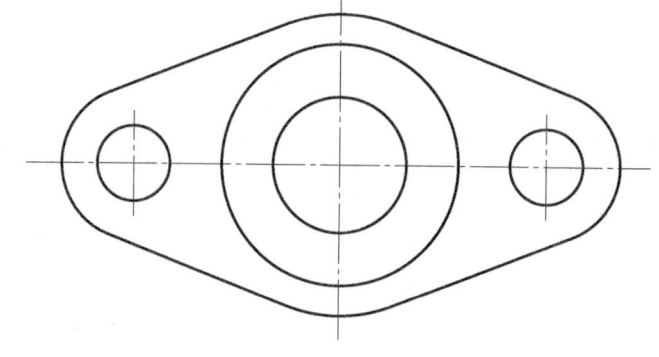

3-19 尺规图作业（组合体三视图）

№3 作业指导书

一、作业目的

1）掌握根据组合体模型（或轴测图）画三视图的方法，提高尺规绘图技能。

2）熟悉组合体视图的尺寸注法。

二、内容和要求

1）根据组合体模型（或轴测图）画三视图，并标注尺寸。

2）用 A3 或 A4 图纸，自己选定绘图比例。

三、作图步骤

1）运用形体分析法搞清组合体的组成部分，以及各组成部分之间的相对位置和组合关系。

2）选取主视图的投射方向。所选的主视图应能明显地表达组合体的形状特征。

3）画底稿（底稿线要细而轻）。

4）检查底稿，修正错误，擦掉多余图线。

5）依次加深图线；标注尺寸；填写标题栏。

四、注意事项

1）图形布置要匀称，留出标注尺寸的位置。先依据图纸幅面、绘图比例和组合体的总体尺寸大致布图，再画出作图基准线（如组合体的底面或顶面、端面的投影，对称中心线等），确定三个视图的具体位置。

2）正确地运用形体分析法，按组合体的组成部分，一部分一部分地画。每一部分都应按其长、宽、高在三个视图上同步画底稿，以提高绘图速度。切忌先画出一个完整的视图，再画另一个视图。

3）标注尺寸时，不能照搬轴测图上的尺寸注法，应按标注三类尺寸的要求进行。所注的尺寸必须正确、完整、布置清晰。

五、图例（右图及下页）

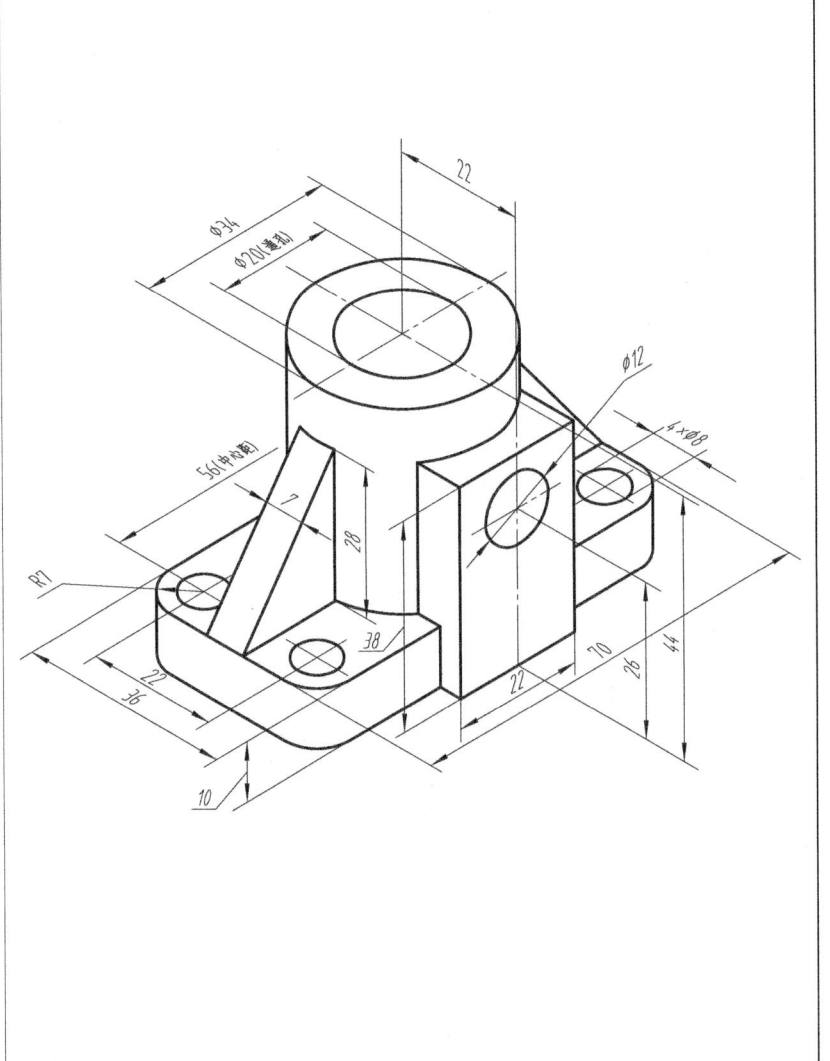

3-20 组合体三视图作业图例

3-20-1

3-20-2

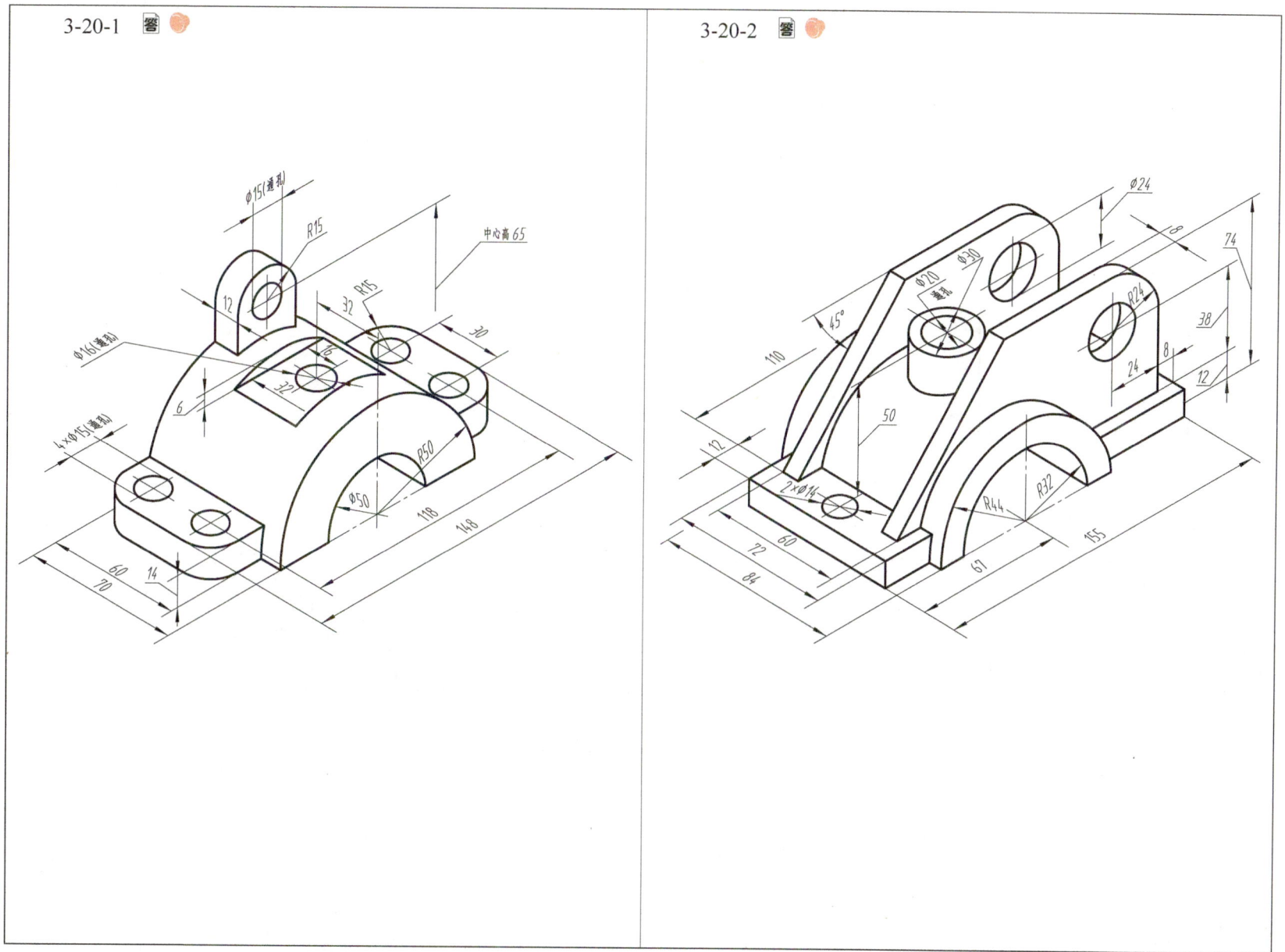

3-21 选择正确的视图

3-21-1 选择正确的左视图，在括号内画√。

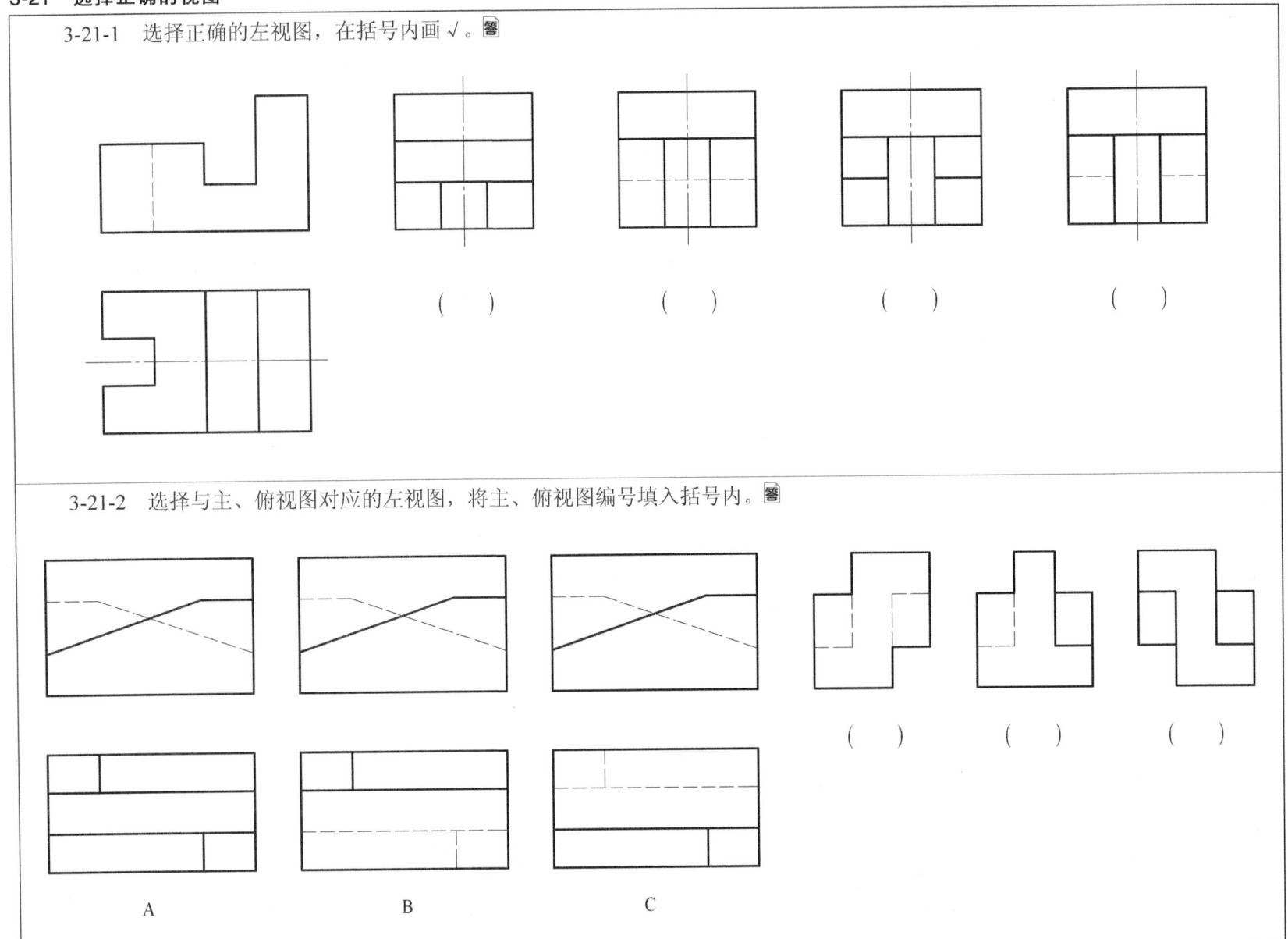

3-21-2 选择与主、俯视图对应的左视图，将主、俯视图编号填入括号内。

A   B   C

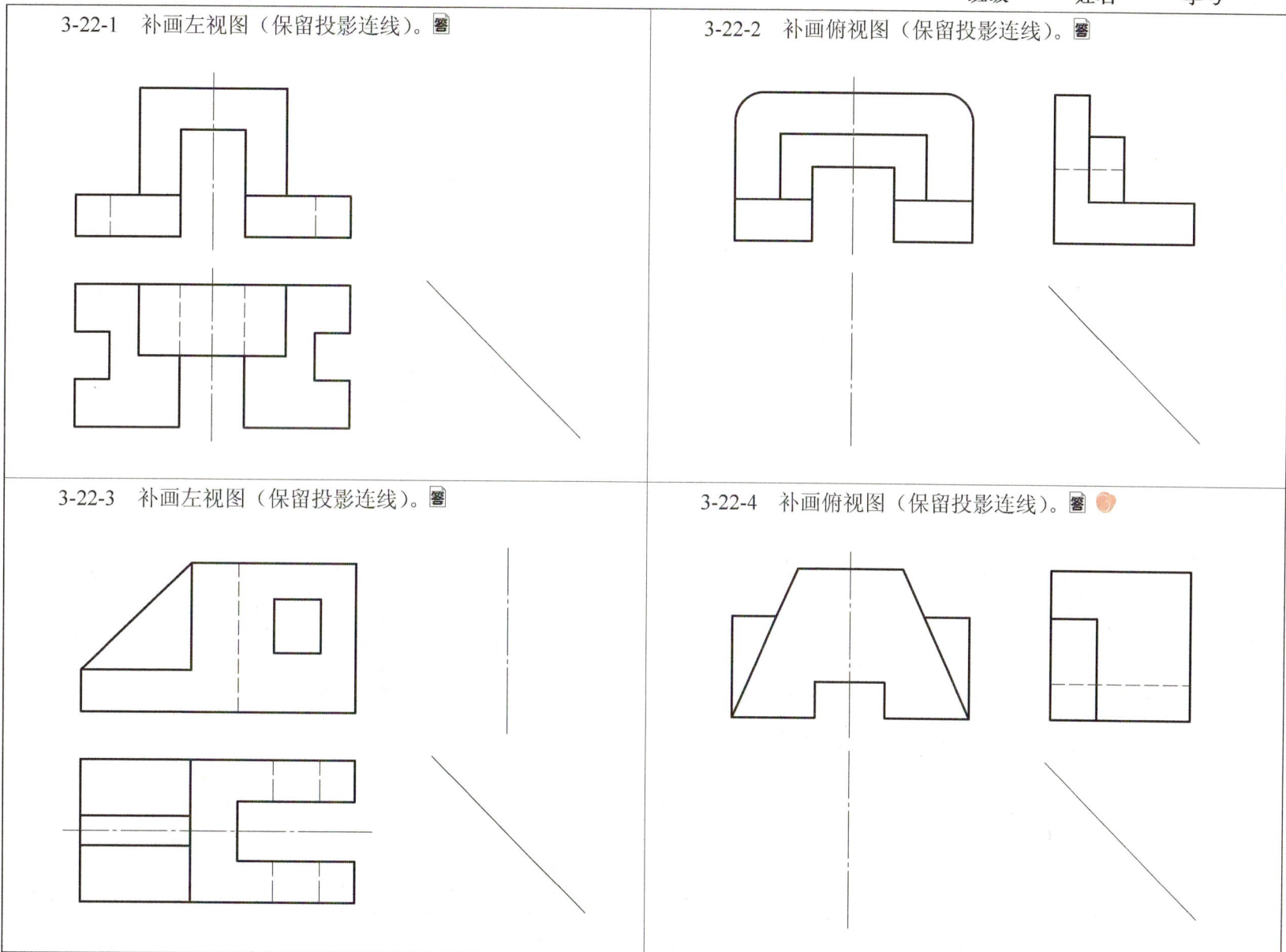

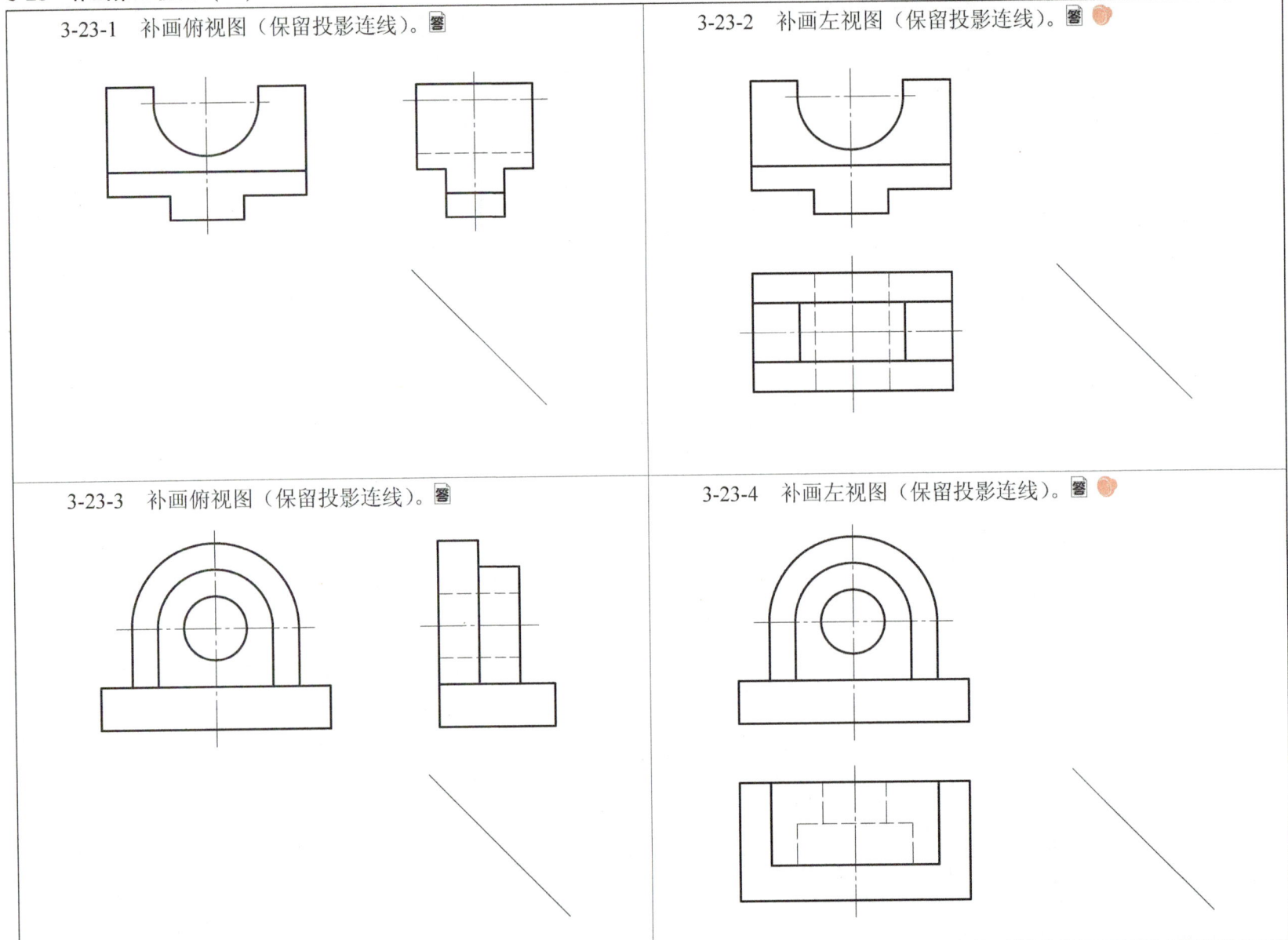

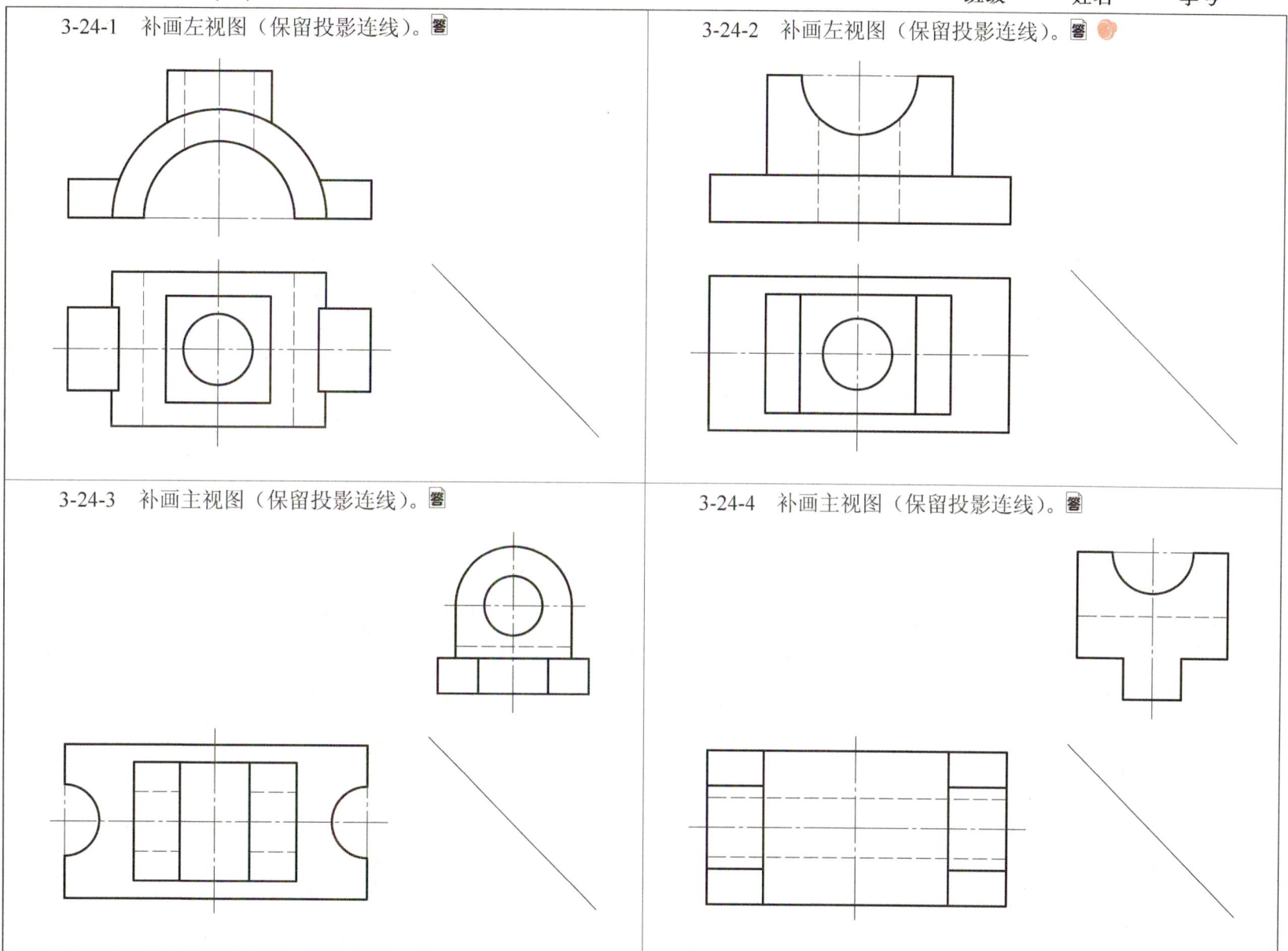

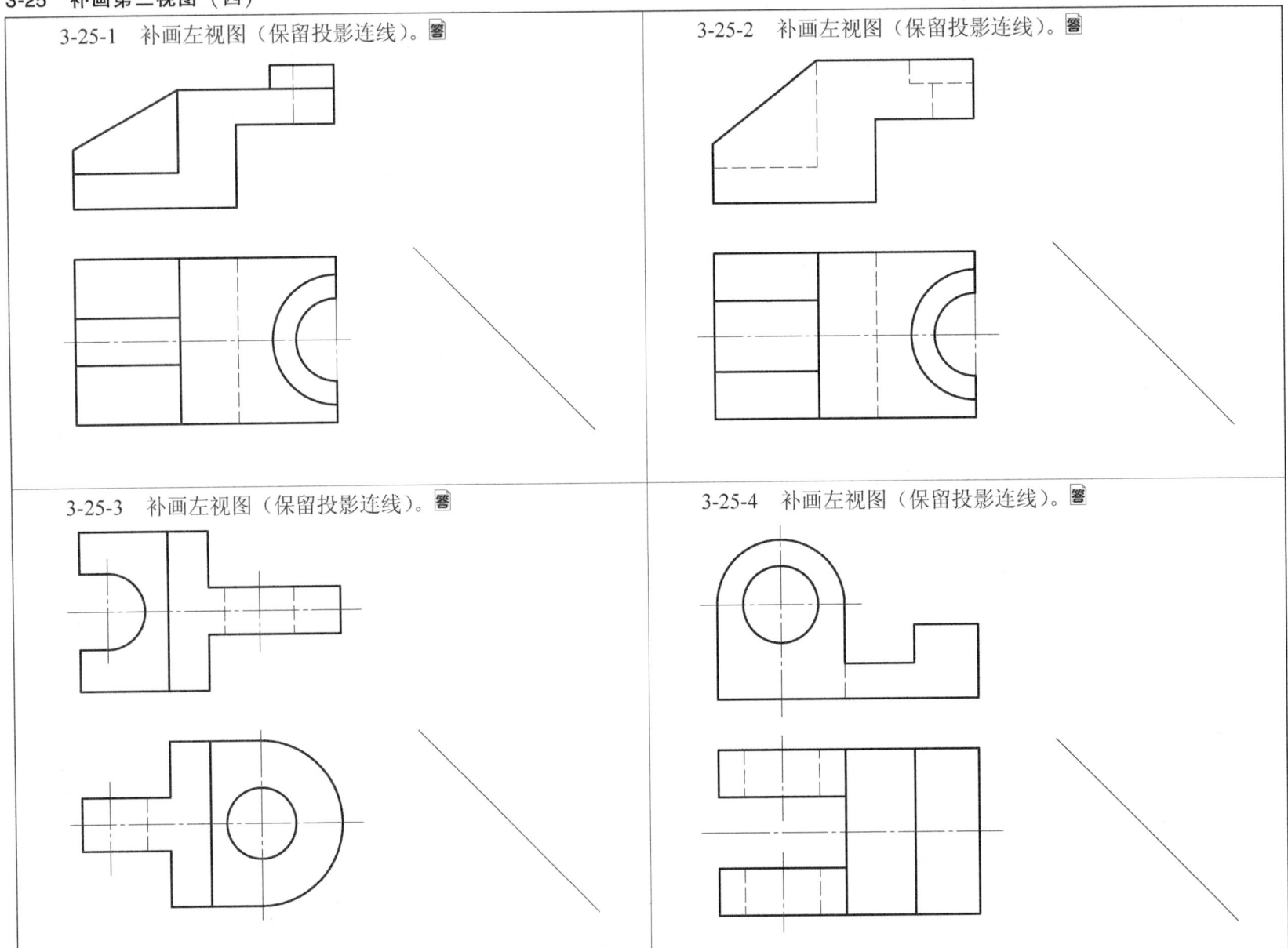

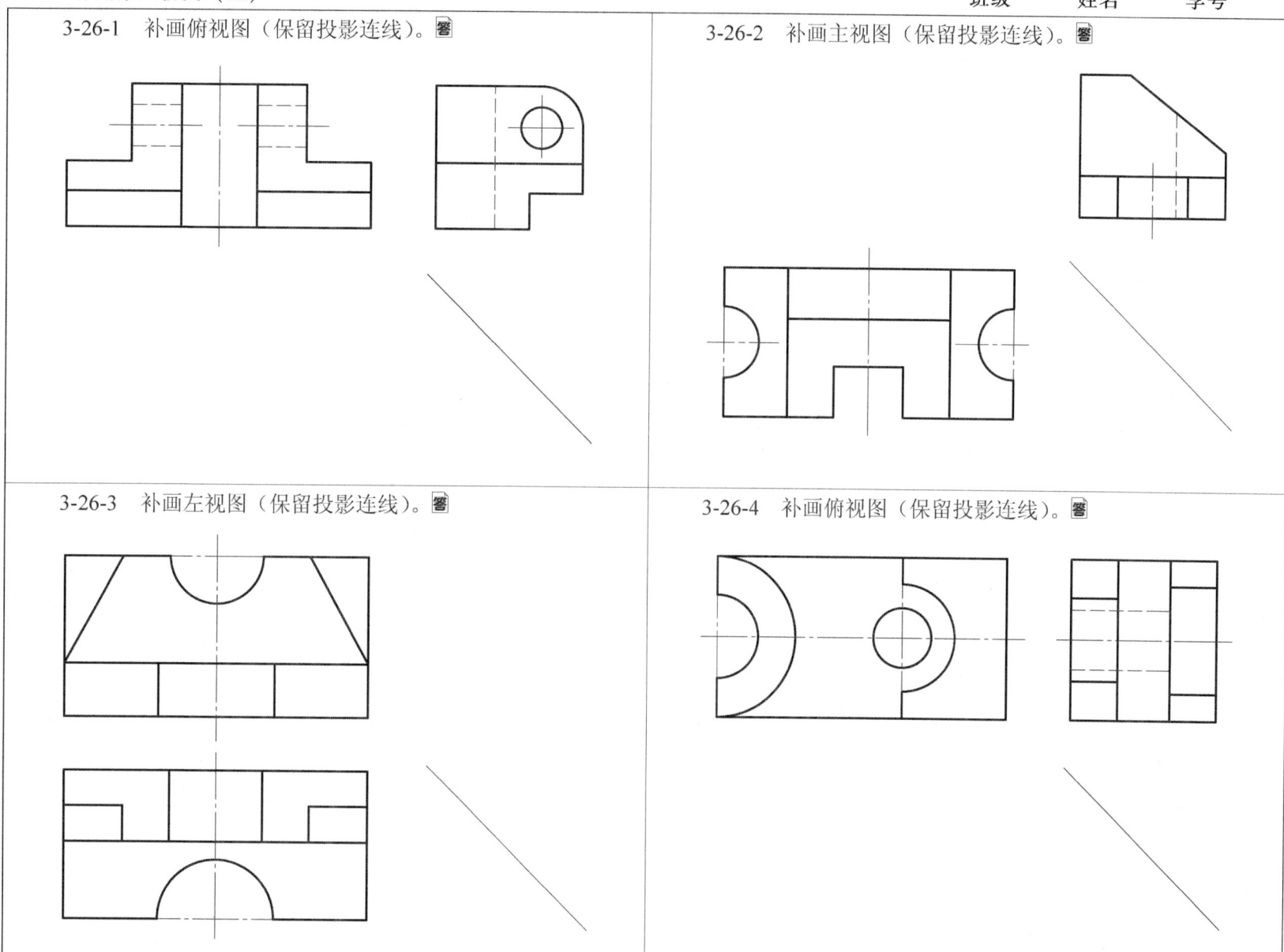

第四章 轴测图

4-1 根据三视图，参考轴测图，画出组合体正等测（一）　　　　　　　　班级　　姓名　　学号

4-1-1

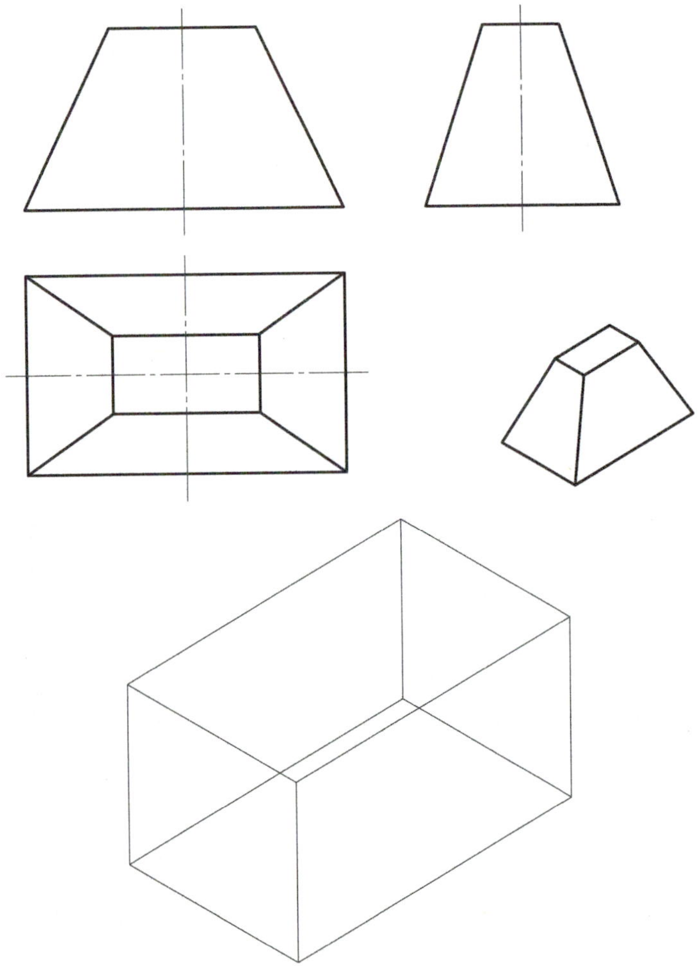

4-1-2

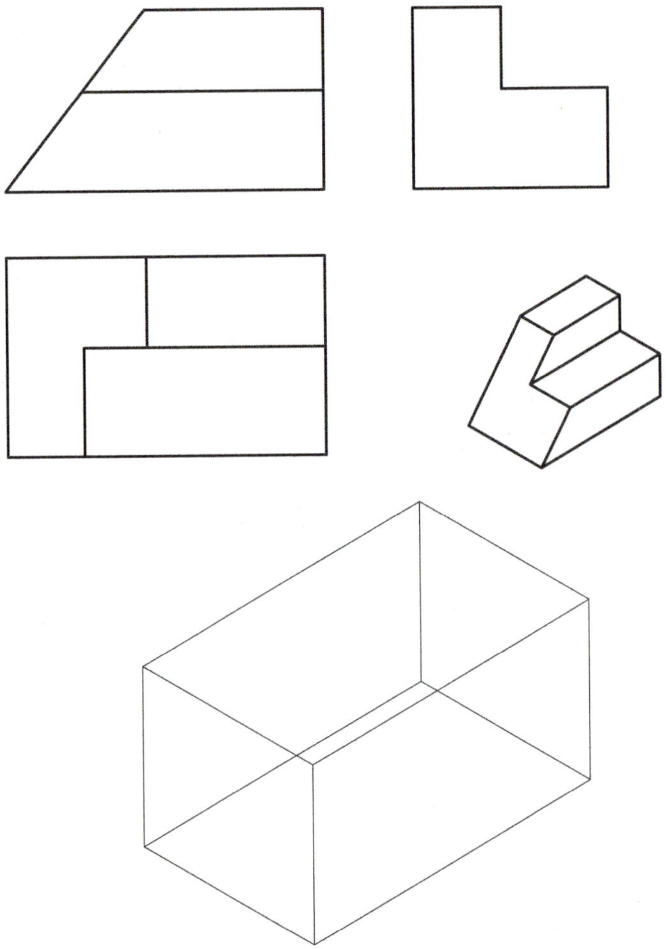

4-2 根据三视图，参考轴测图，画出组合体正等测（二）

4-2-1

4-2-2

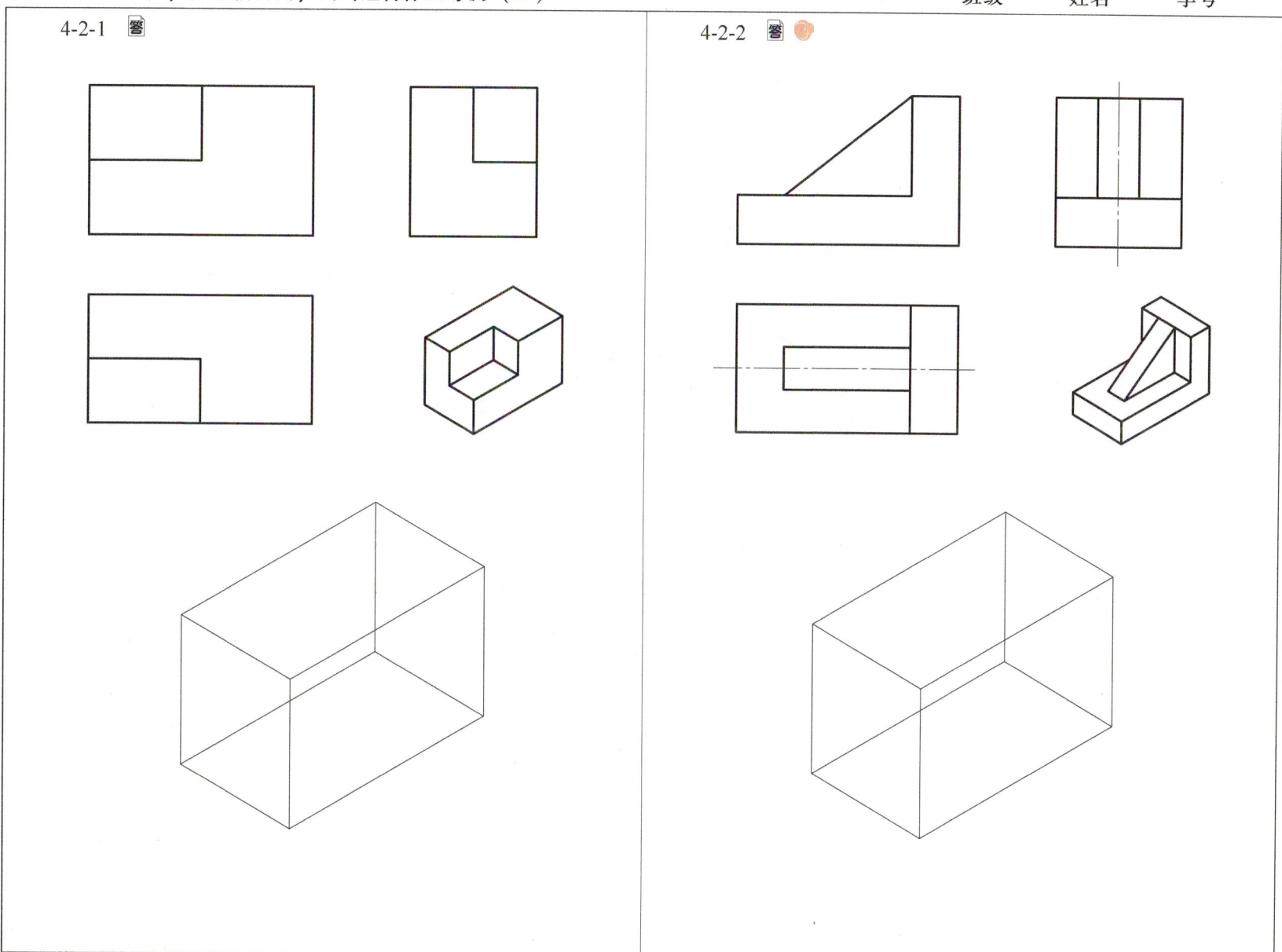

4-3 根据三视图，参考轴测图，画出组合体正等测（三）

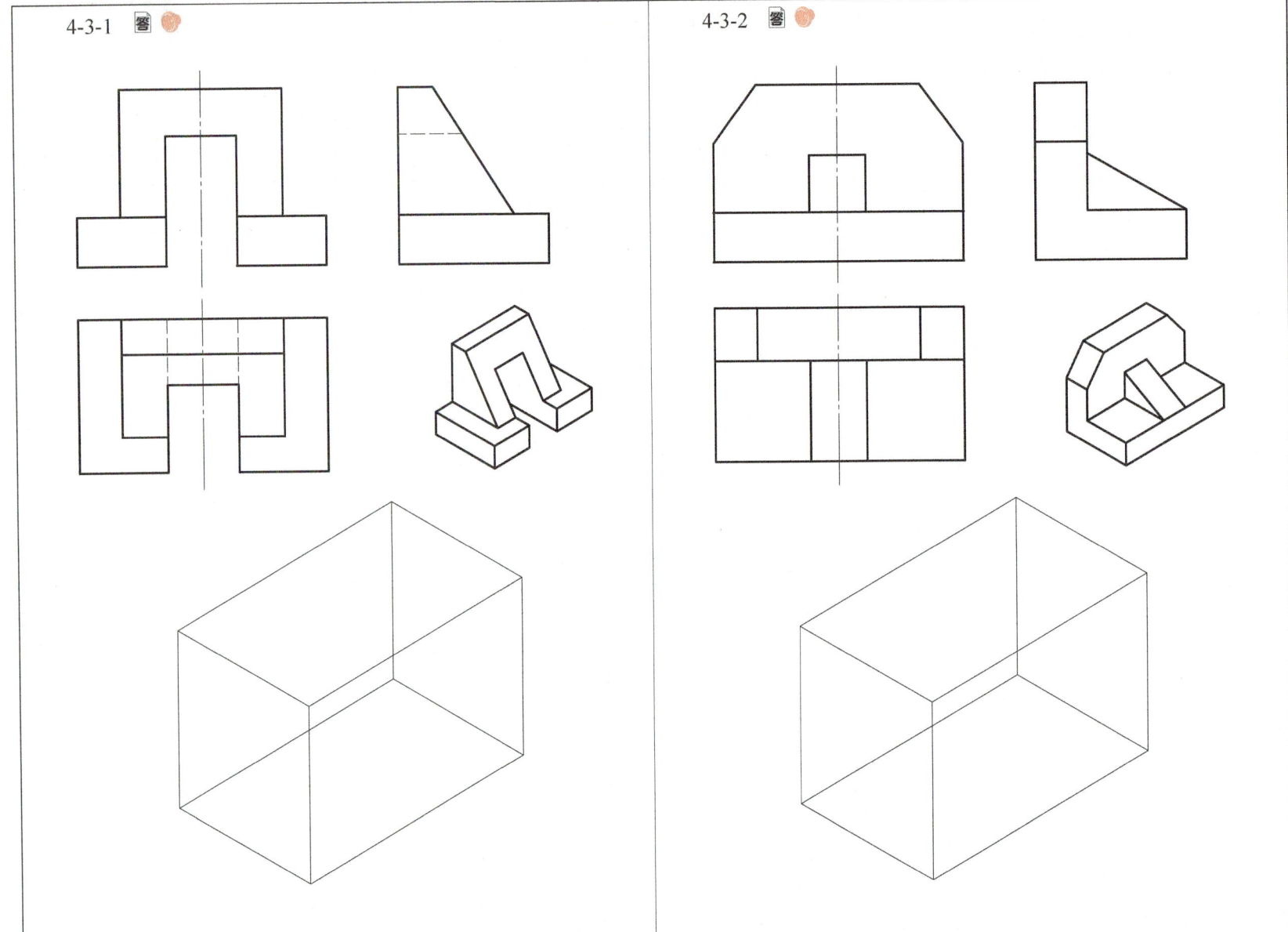

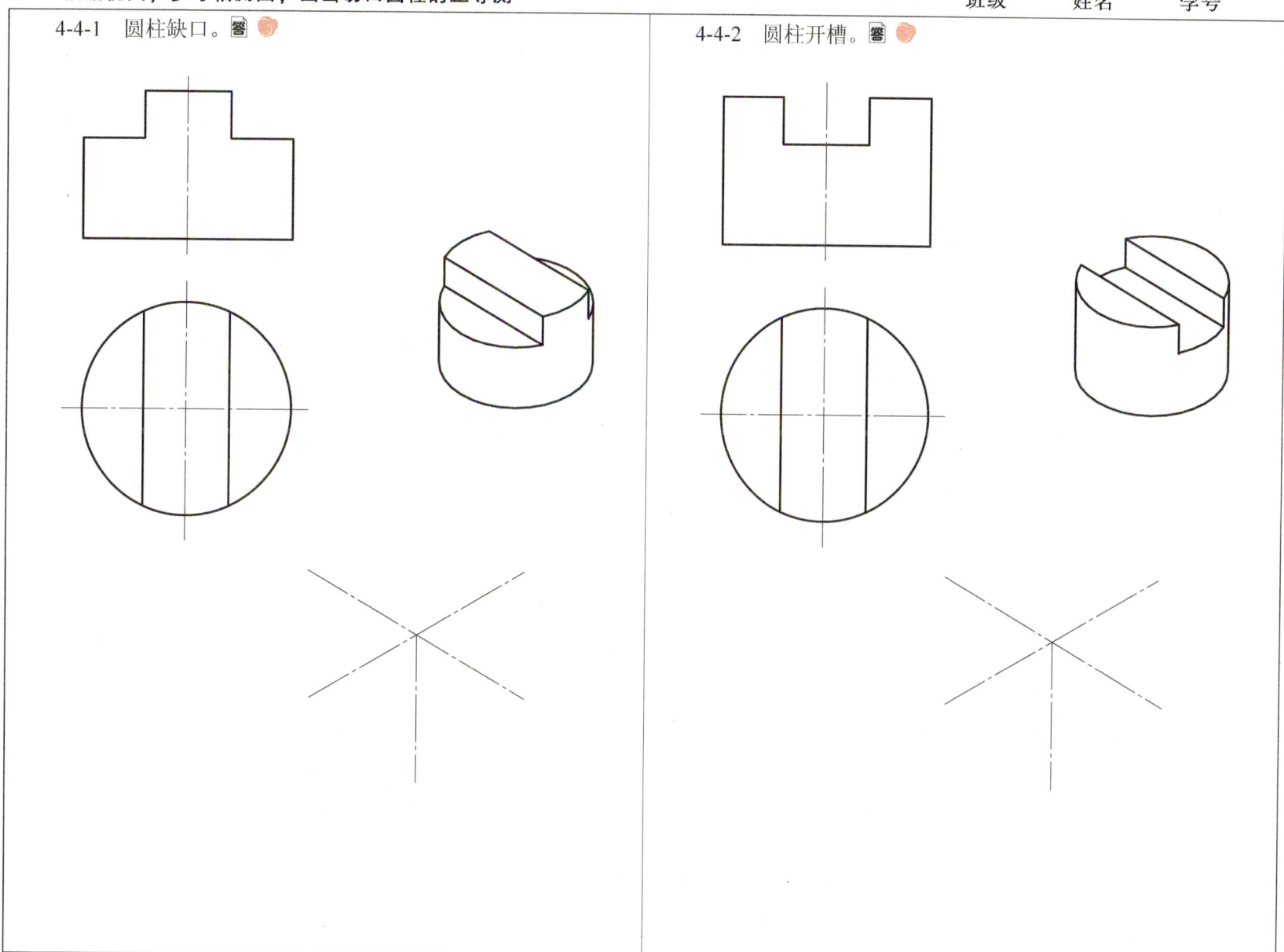

4-5 根据三视图中的尺寸，按1∶1的比例画出其正等轴测图

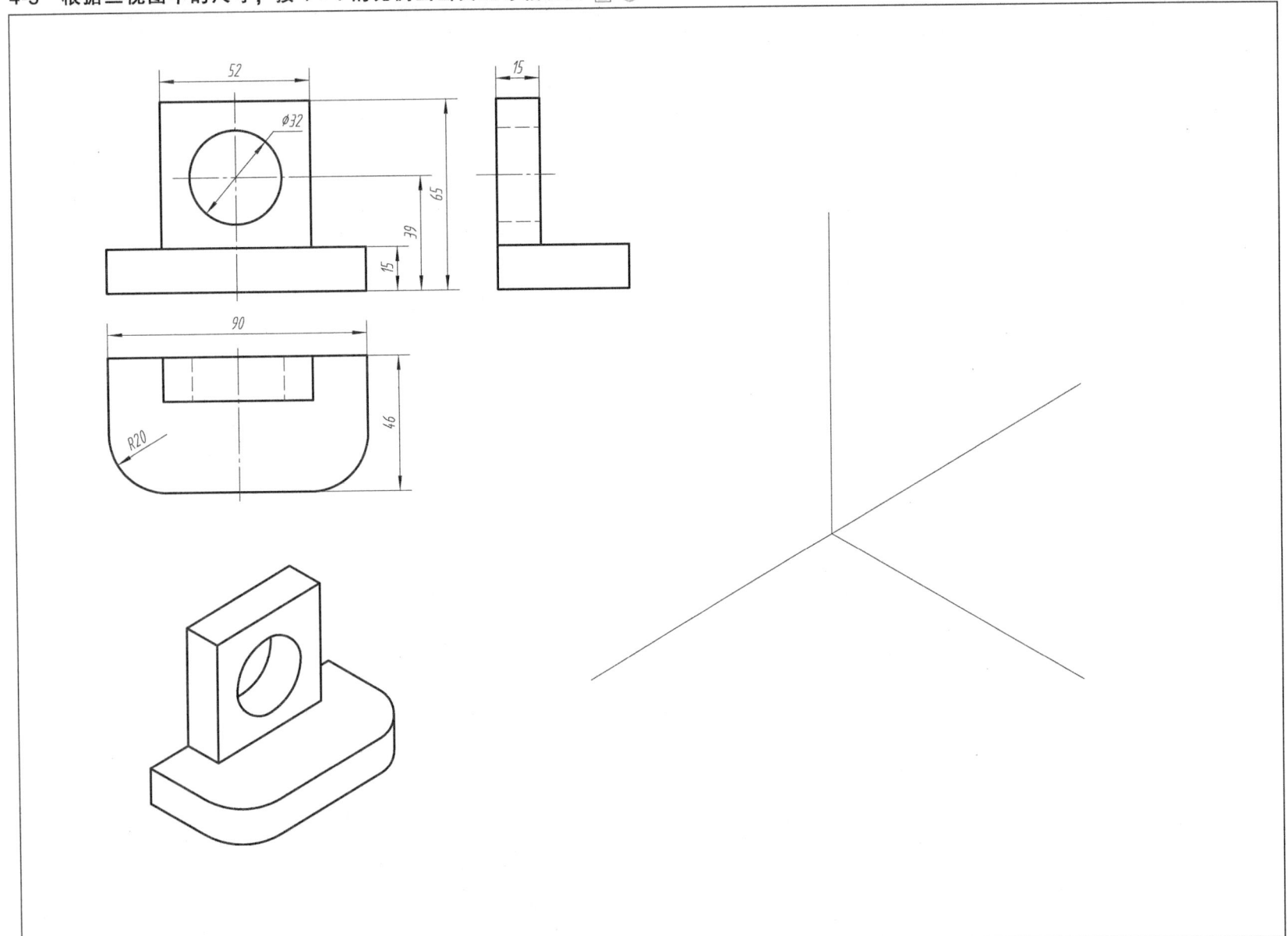

4-6 根据已知视图，画出组合体的斜二测（一）

4-6-1 尺寸由视图中量取整数（量取宽度方向尺寸时取其1/2）。

4-6-2 尺寸由视图中量取整数（量取宽度方向尺寸时取其1/2）。

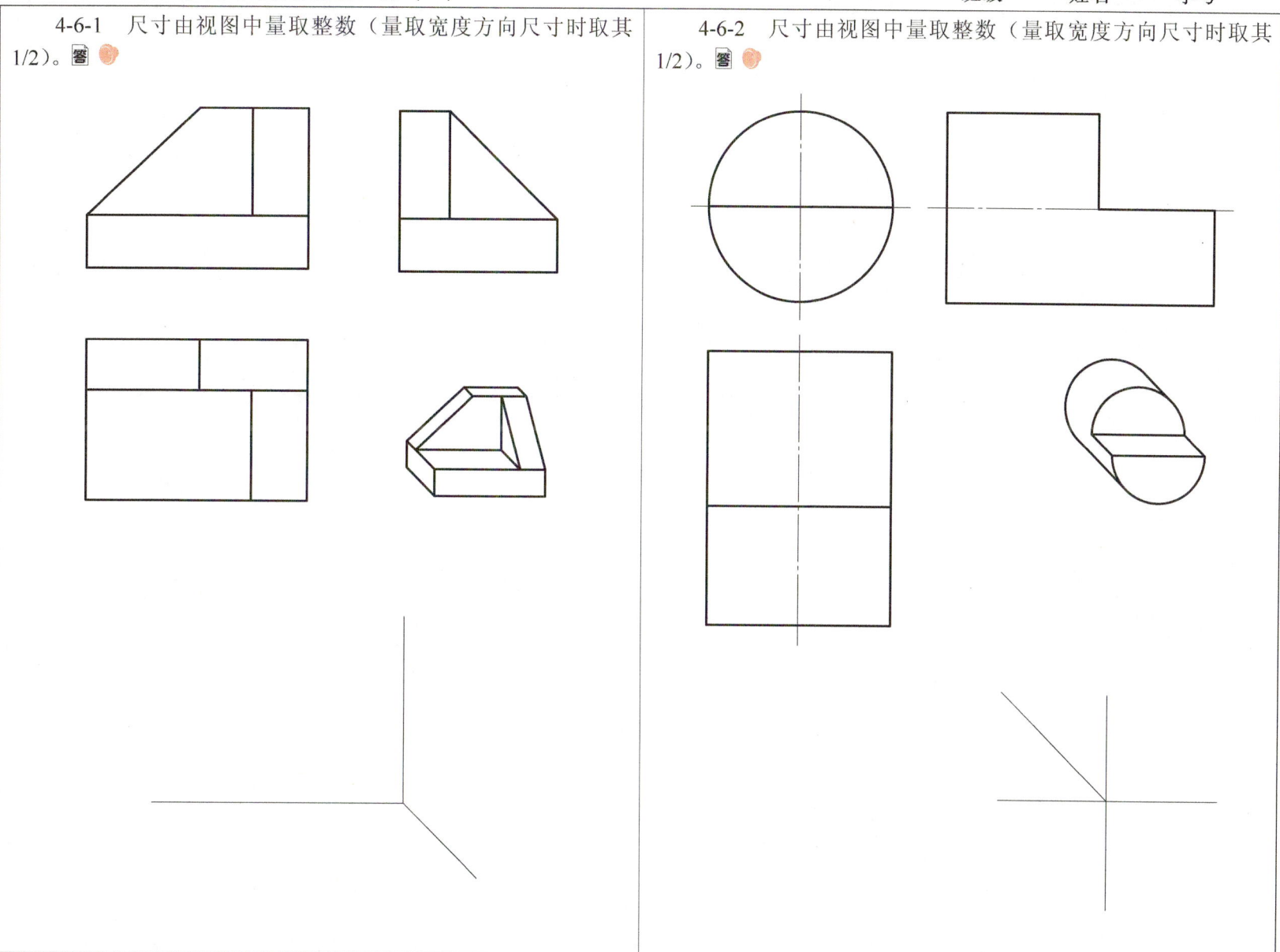

4-7 根据已知视图，画出组合体的斜二测（二）

4-7-1 尺寸由视图中量取整数（量取长度方向尺寸时取其1/2）。

4-7-2 尺寸由视图中量取整数（量取宽度方向尺寸时取其1/2）。

4-8 根据视图中标注的尺寸，给轴测图注尺寸

4-8-1

4-8-2

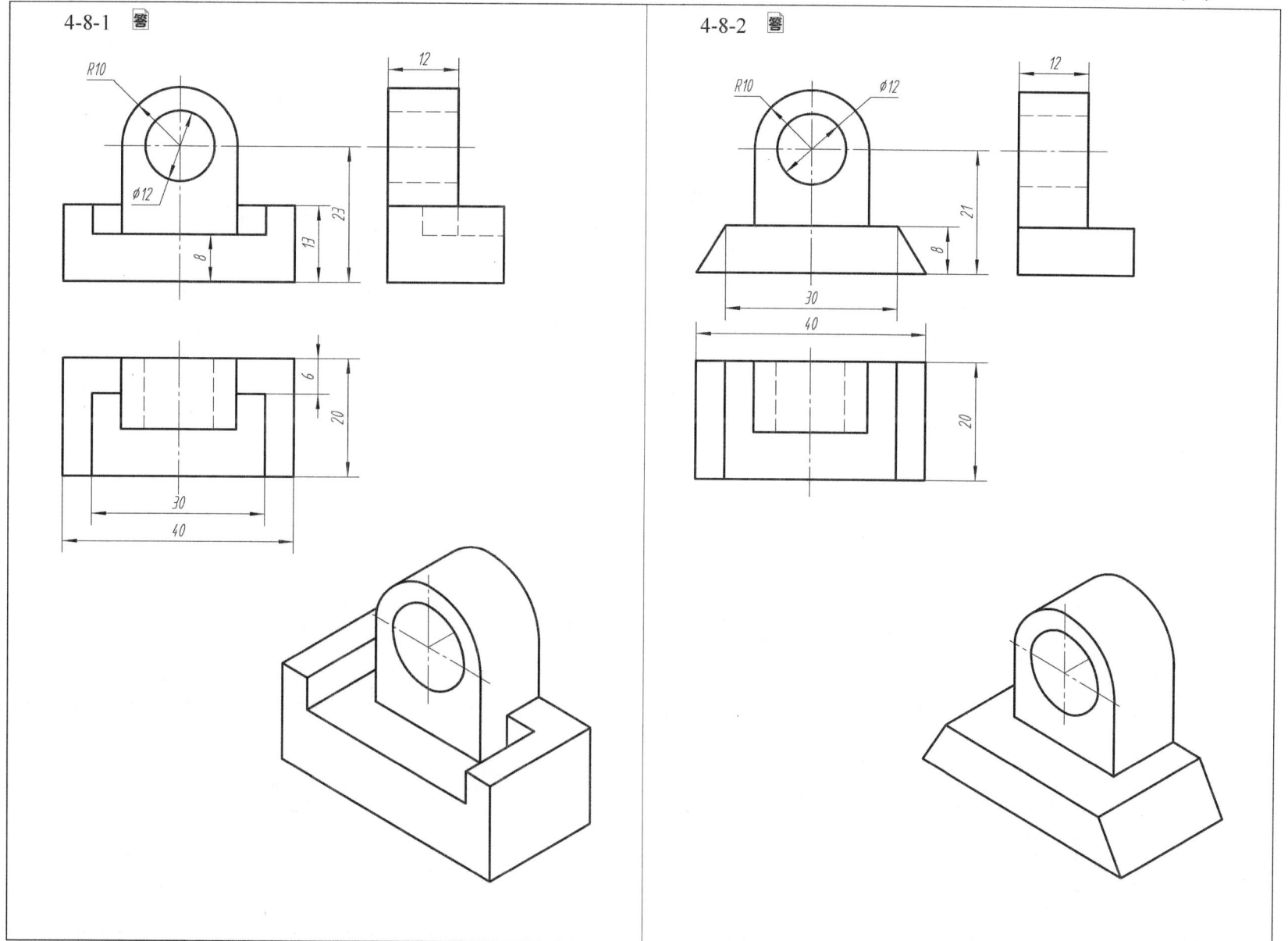

第五章 图样的基本表示法

5-1 完成下列各题

5-1-1 回答下列问题。

（1）向视图与基本视图有何关系？ _____

_____

（2）局部视图与基本视图有何关系？ _____

_____

（3）局部视图和斜视图有何共同点？有何不同点？

_____

_____

（4）你注意了吗，在标注向视图、局部视图和斜视图的视图名称时，其大写拉丁字母怎样写才是正确的？ _____

5-1-2 根据主、俯视图，选择正确的局部视图（画√）。

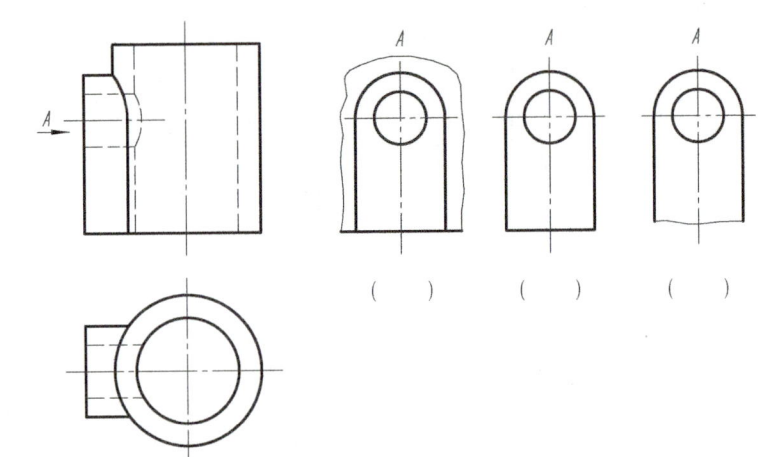

5-1-3 观察下图，看看右、仰、后视图与主、俯、左视图有何关系？ _____

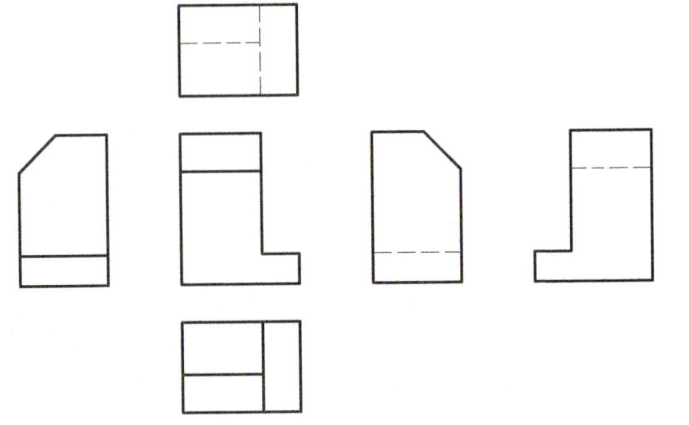

5-1-4 确定各视图的名称，并按规定标注。

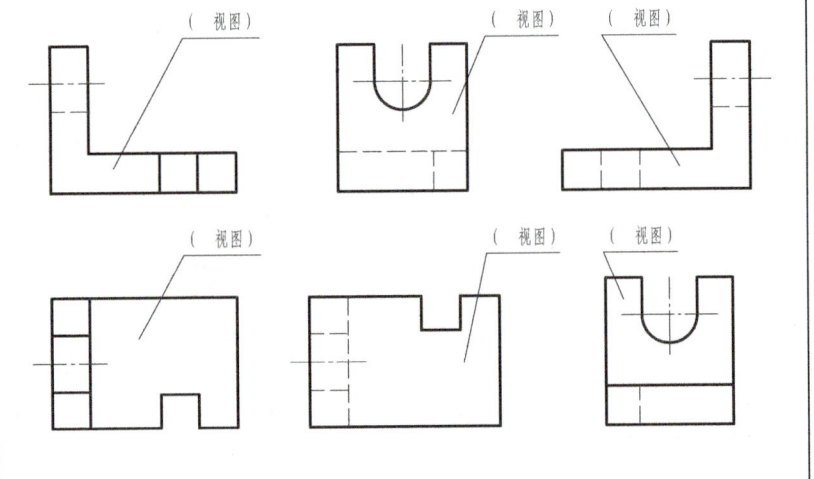

5-2 按基本视图位置配置，画出右、仰、后视图

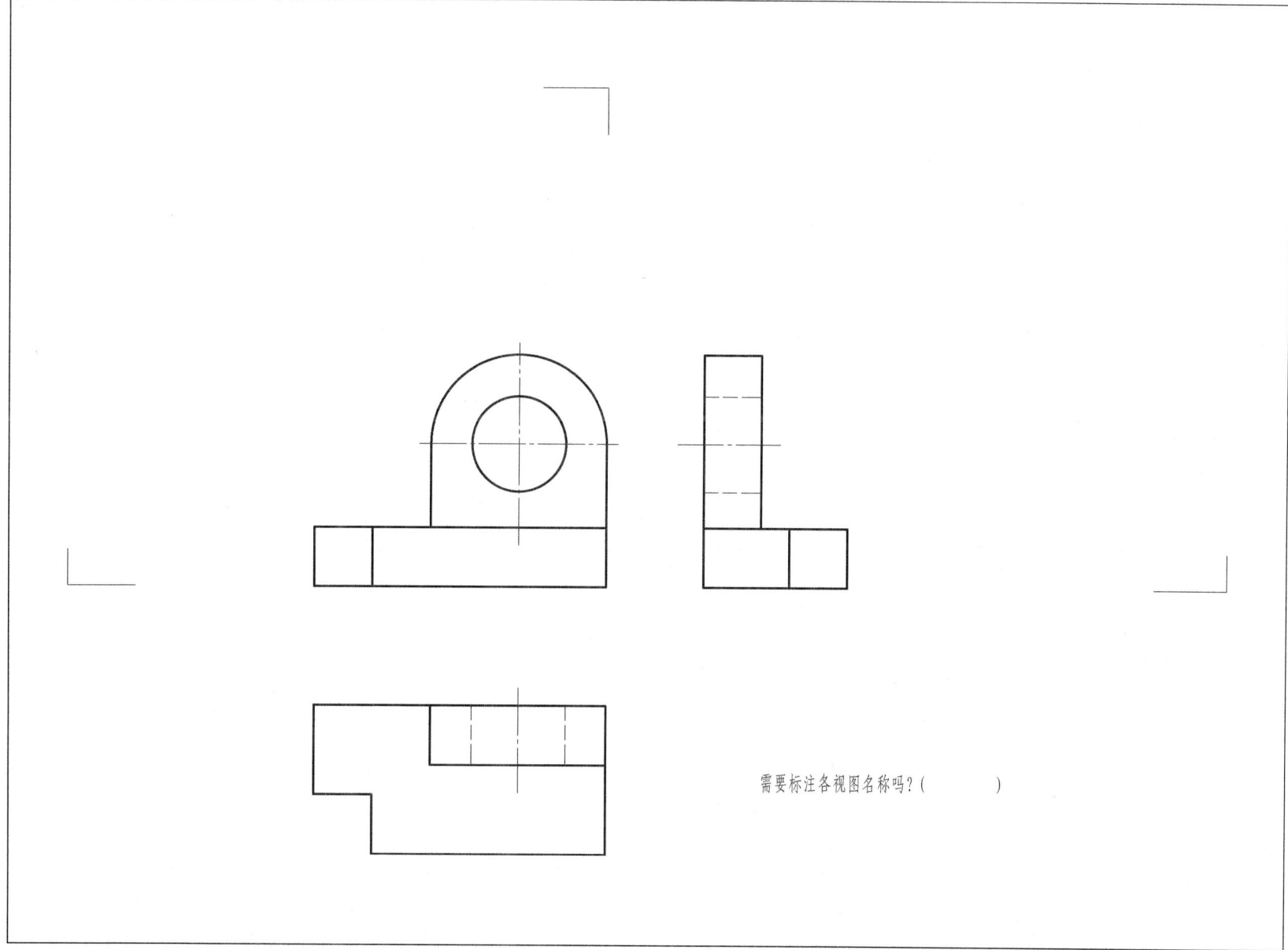

需要标注各视图名称吗？（　　　）

5-3 向视图

5-3-1 先确认各视图名称，在正确的选项上画√，再按规定标注。

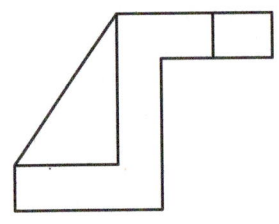

（主、俯、左、右、仰、后）视图

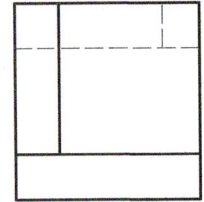

（主、俯、左、右、仰、后）视图

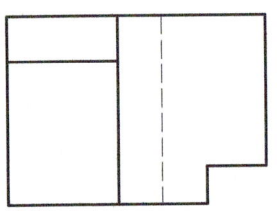

（主、俯、左、右、仰、后）视图

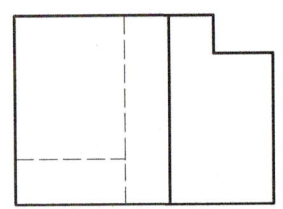

（主、俯、左、右、仰、后）视图

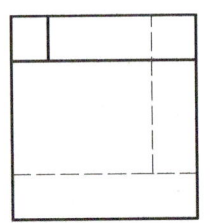

（主、俯、左、右、仰、后）视图

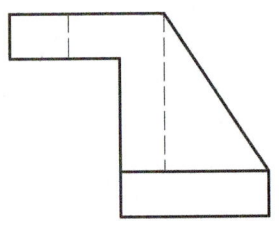

（主、俯、左、右、仰、后）视图

5-3-2 根据主、俯、左视图，补画 D、E、F 视图，并按规定标注。

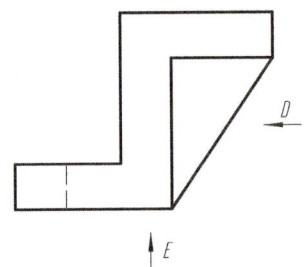

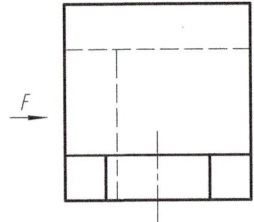

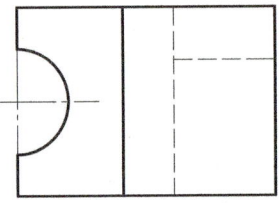

5-4 局部视图和斜视图

5-4-1 判断 A 向和 B 向视图正确与否，用铅笔圈出错误图例的错误之处。

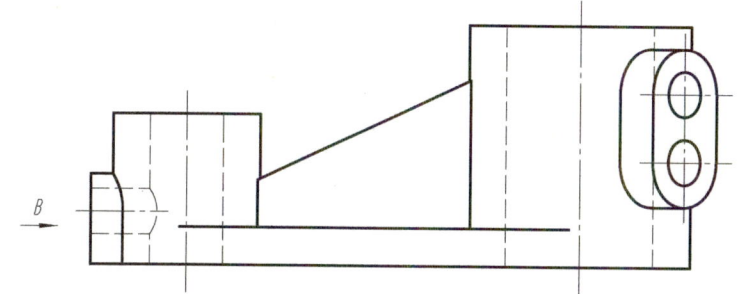
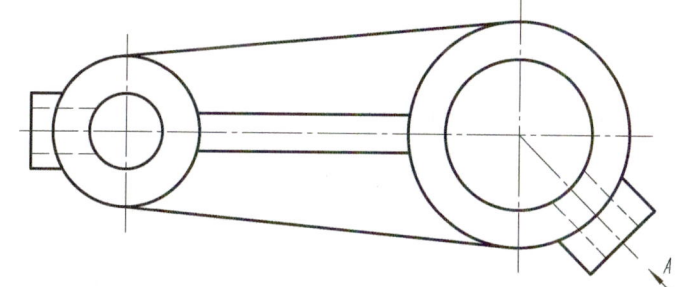

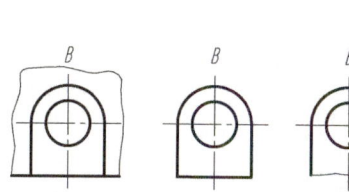 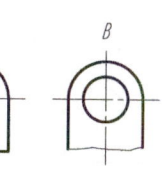 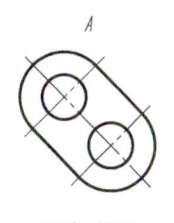 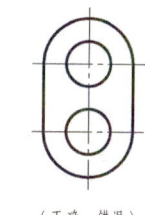

（正确、错误）　（正确、错误）　（正确、错误）　（正确、错误）　（正确、错误）

B 向称为 _____ 视图　　　　　　A 向称为 _____ 视图

5-4-2 判断 K 向视图正确与否，用铅笔圈出错误图例的错误之处。

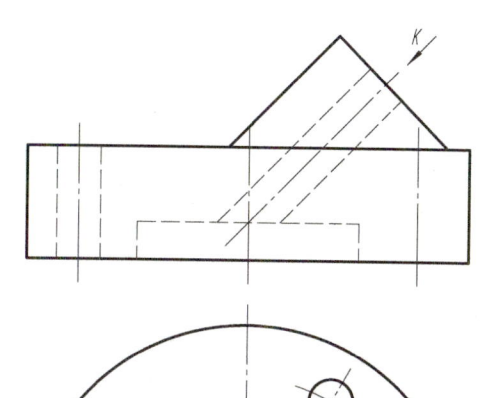
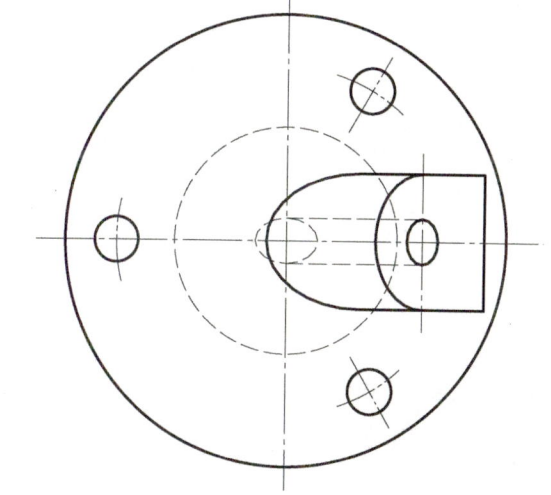

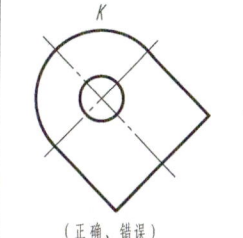 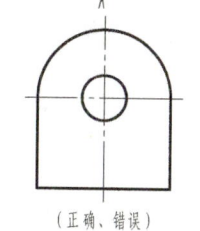 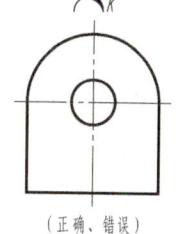 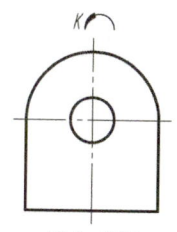

（正确、错误）　（正确、错误）　（正确、错误）　（正确、错误）

K 向称为 _____ 视图

5-5 斜视图

5-5-1 判断 K 向视图正确与否，用铅笔圈出错误图例的错误之处。

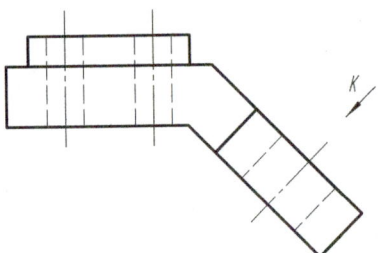

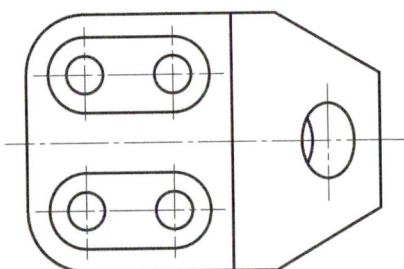

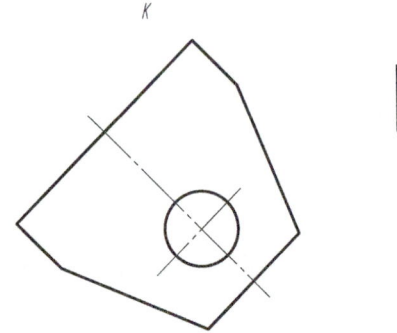

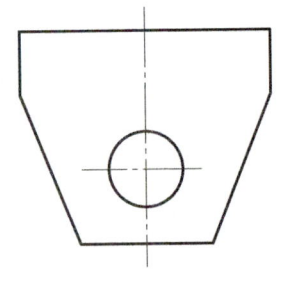

（正确、错误）　　　　（正确、错误）

K 向称为 _____ 视图

5-5-2 判断 K 向视图正确与否，用铅笔圈出错误图例的错误之处。

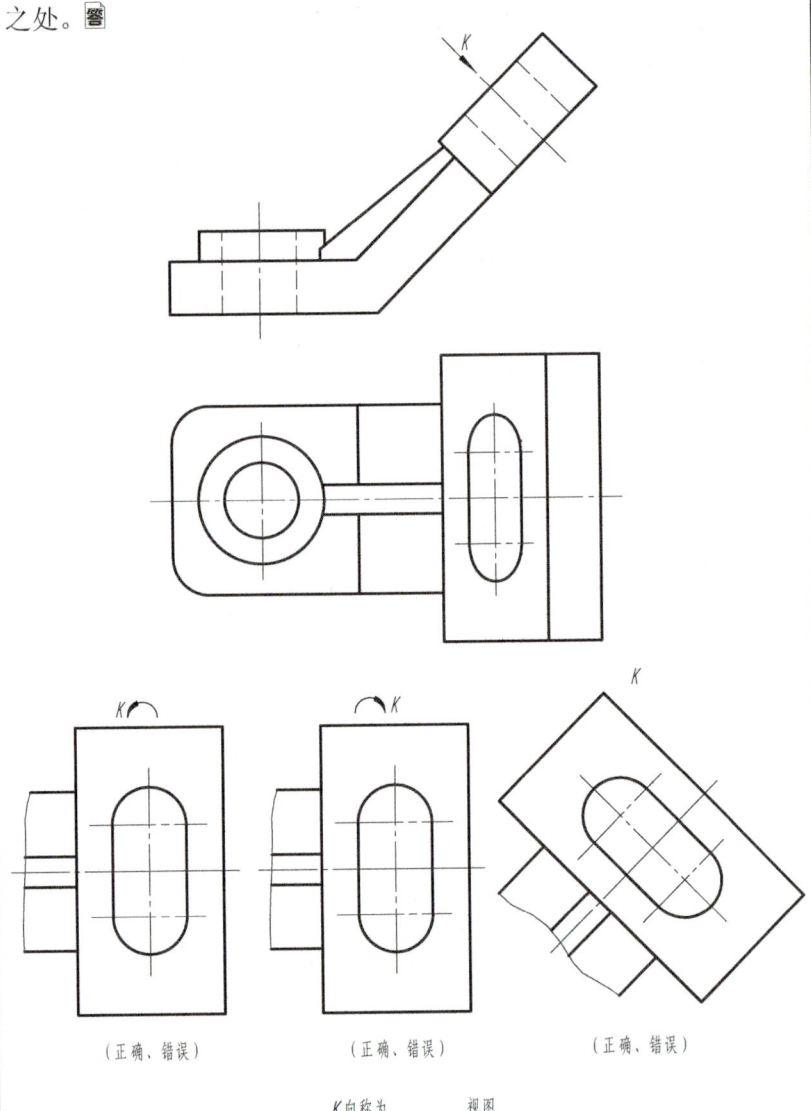

（正确、错误）　　（正确、错误）　　（正确、错误）

K 向称为 _____ 视图

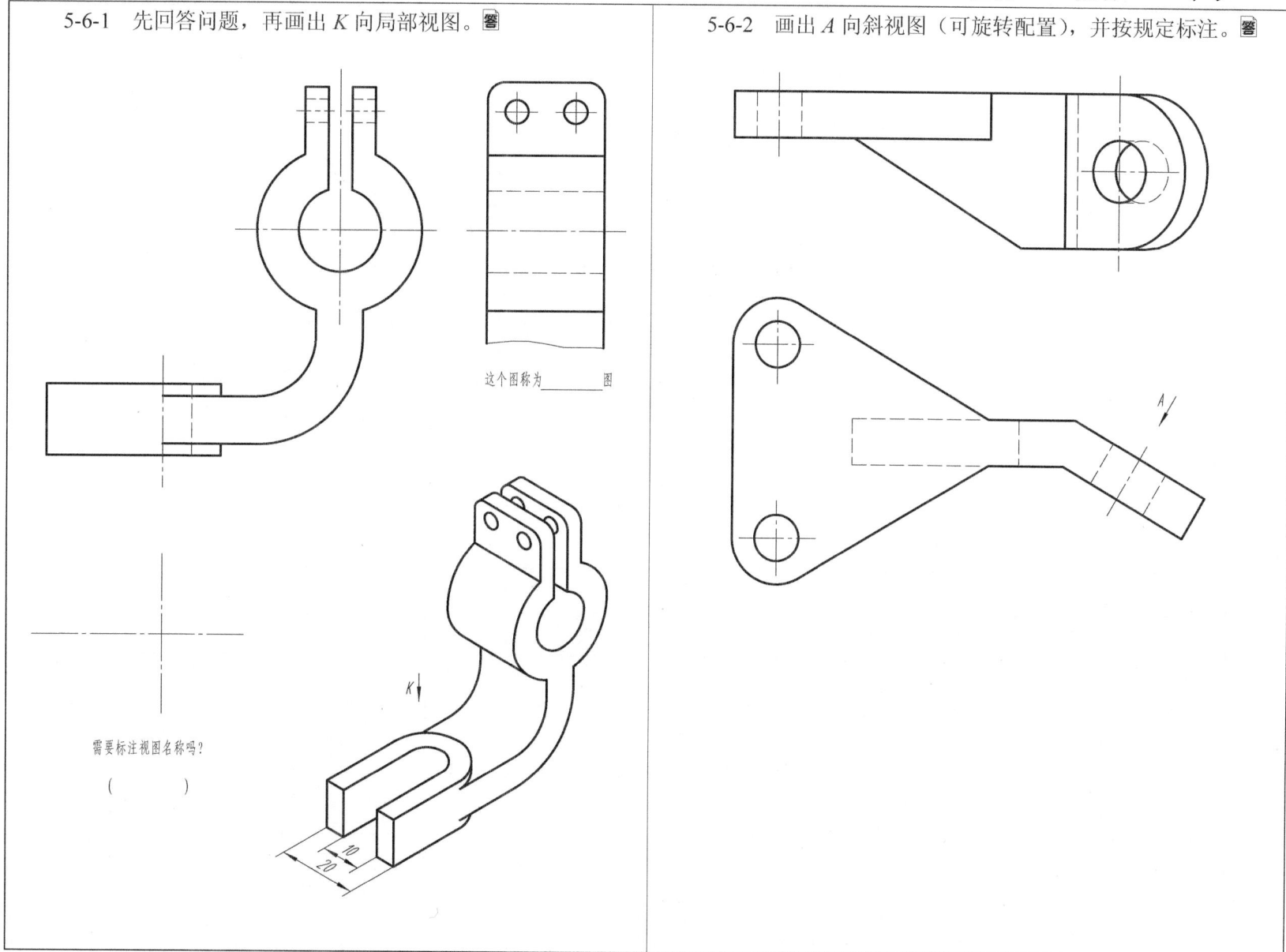

5-7 判别剖视图的正误

5-7-1 下面是四个不同的主视图,判断其正确与否,用铅笔圈出错误图例的错误之处。

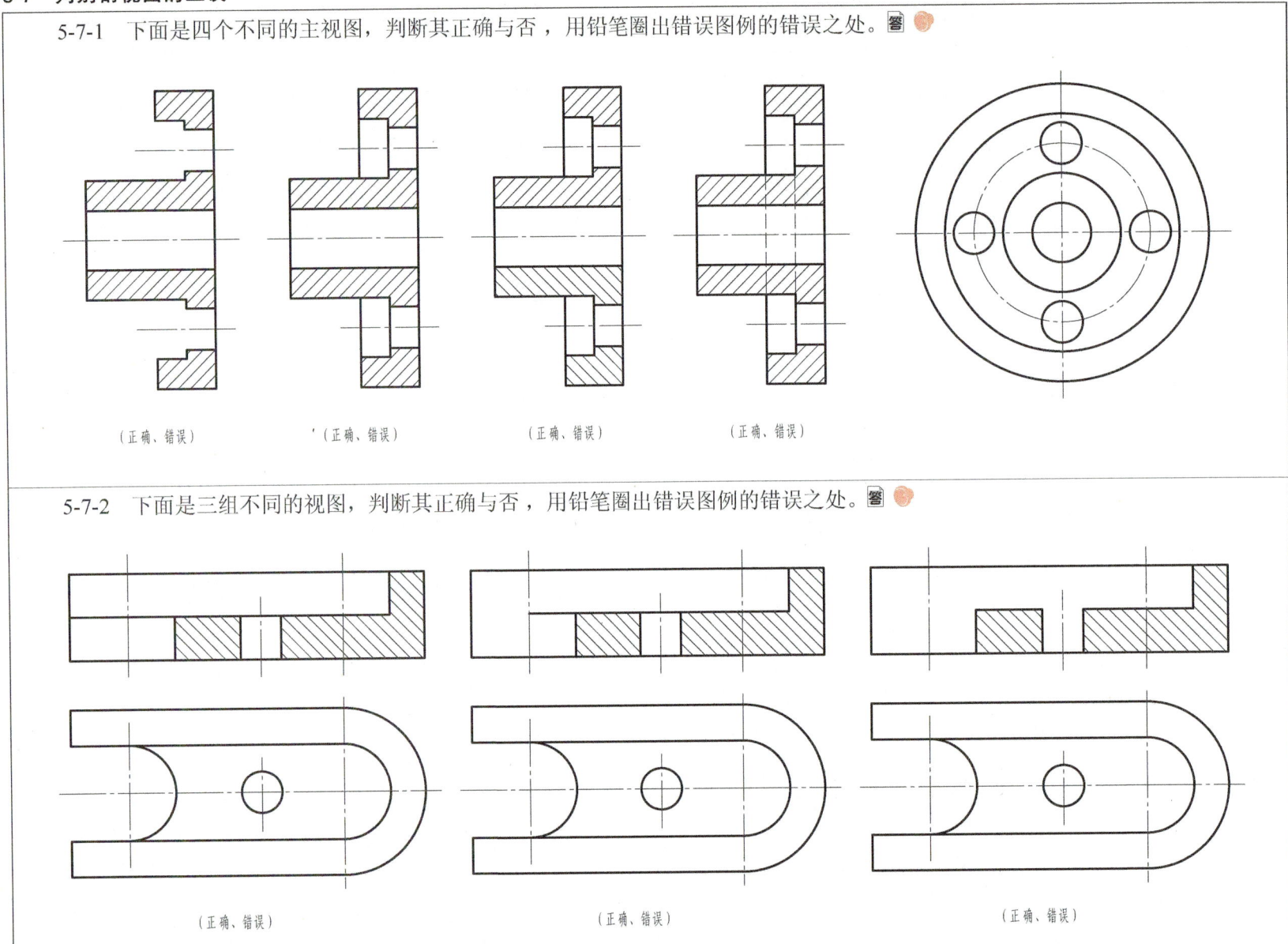

(正确、错误)　　(正确、错误)　　(正确、错误)　　(正确、错误)

5-7-2 下面是三组不同的视图,判断其正确与否,用铅笔圈出错误图例的错误之处。

(正确、错误)　　(正确、错误)　　(正确、错误)

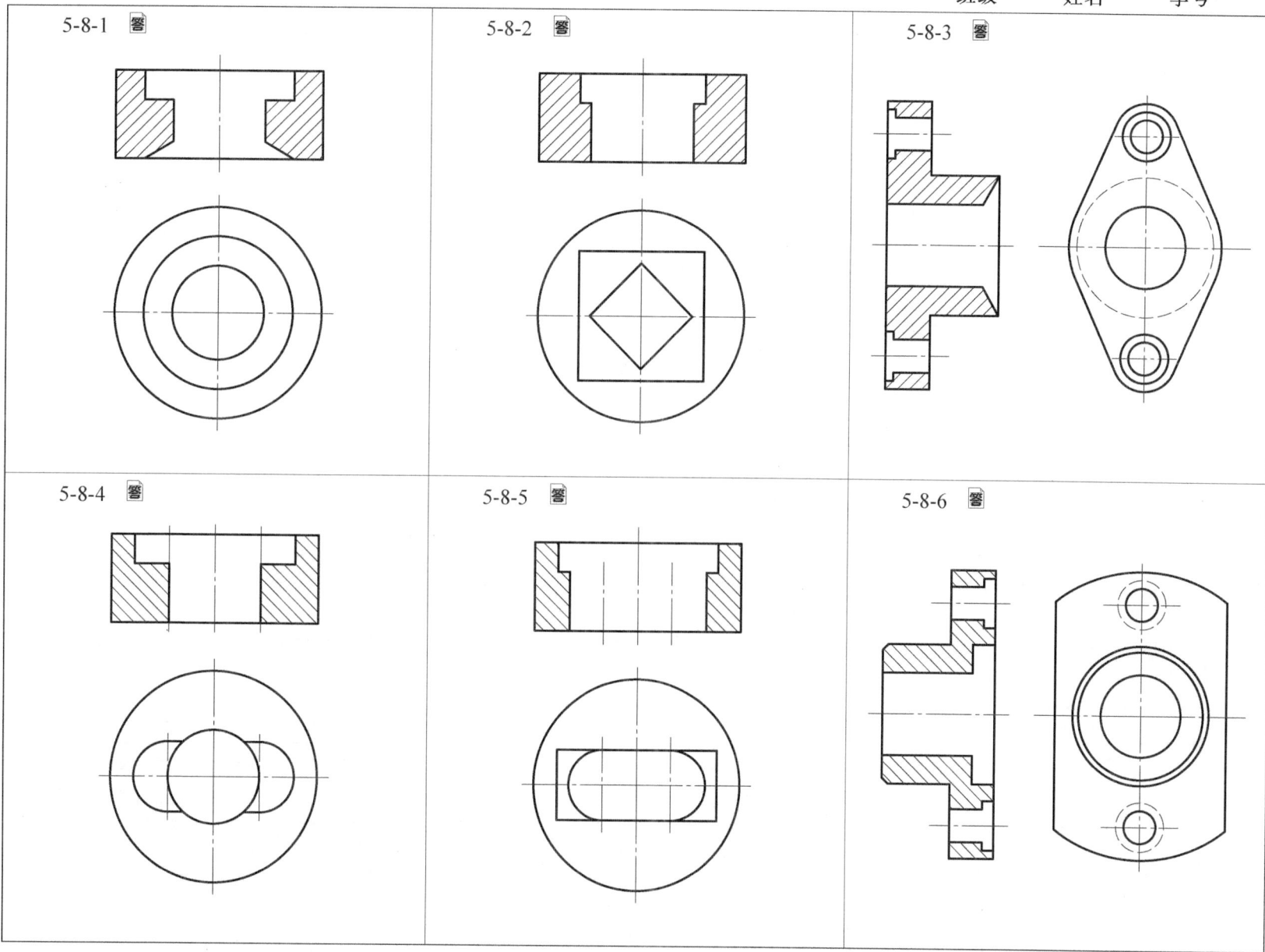

5-9 在指定位置将主视图改画成全剖视图（一）

5-9-1

5-9-2

5-9-3

班级　　姓名　　学号

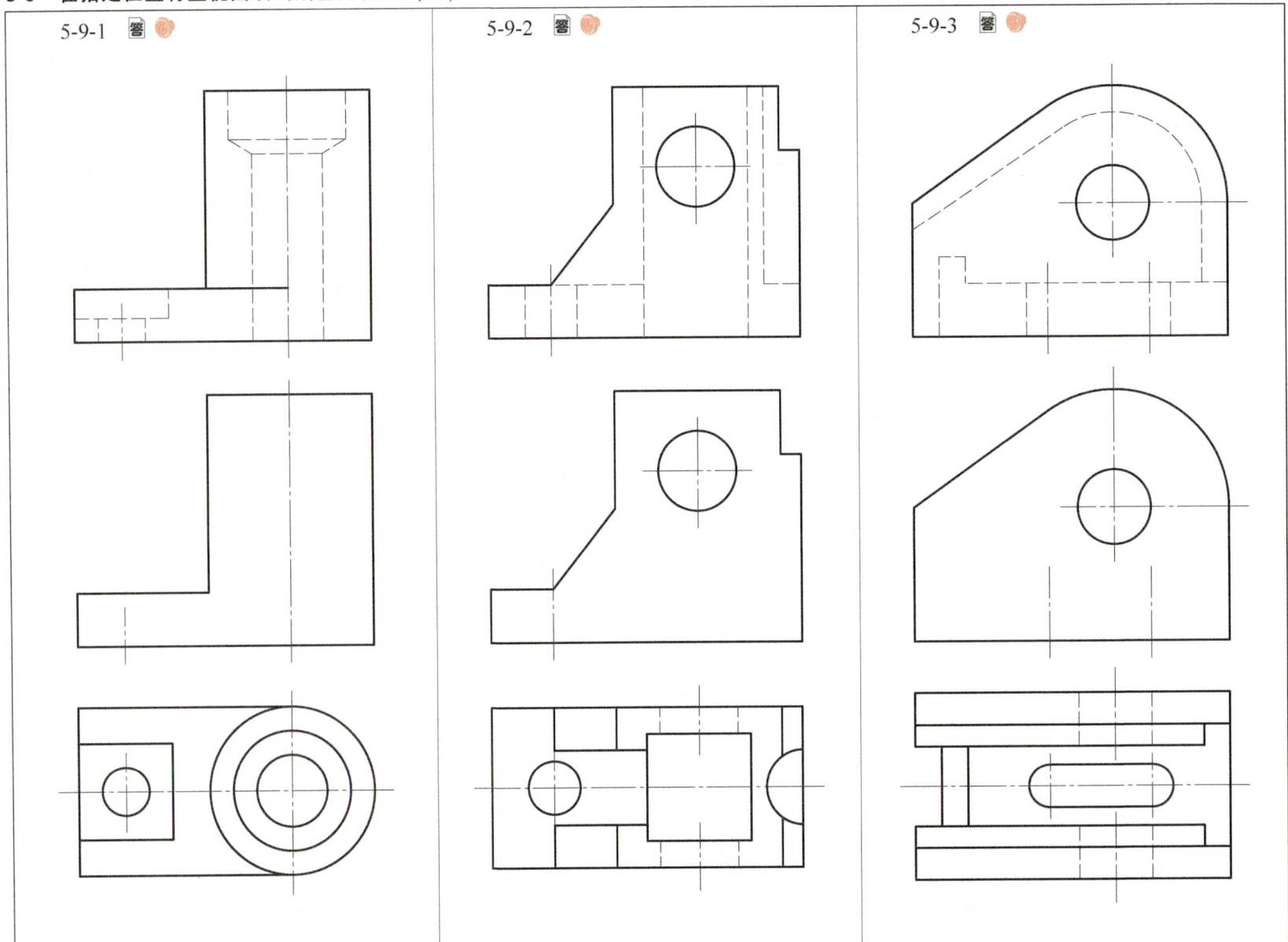

5-10 在指定位置将主视图改画成全剖视图（二）　　　班级　姓名　学号

5-10-1

5-10-2

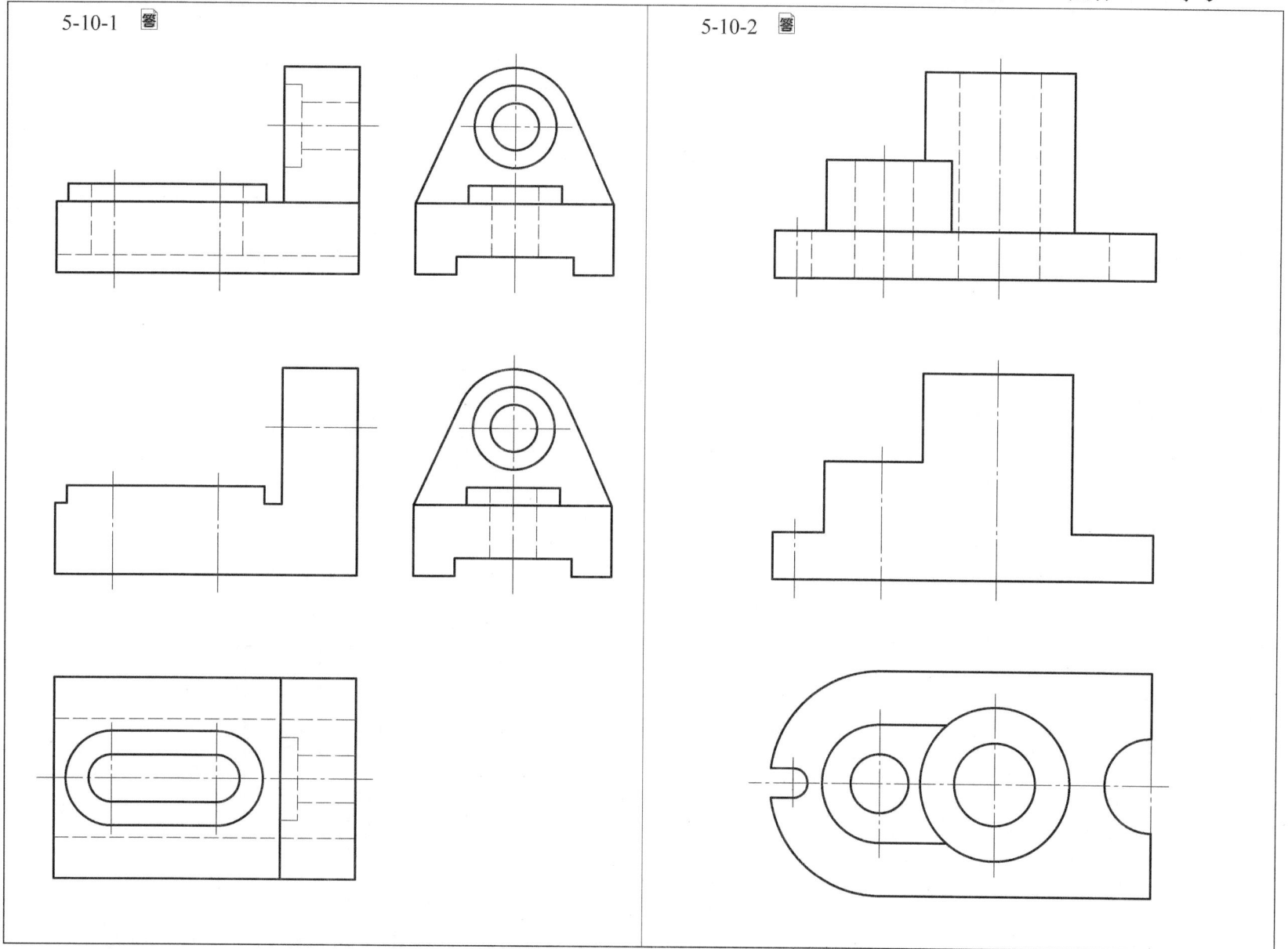

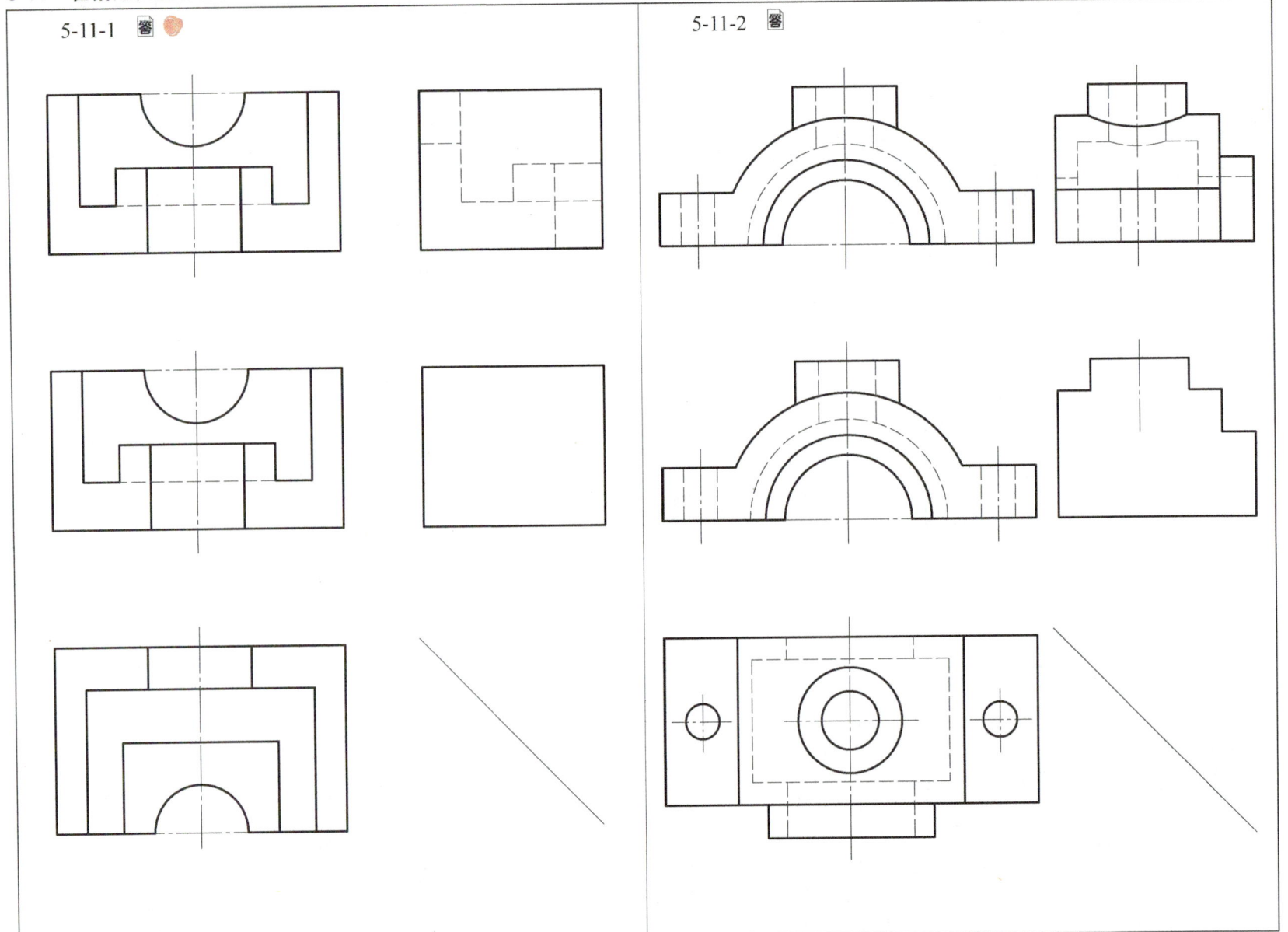

5-12 选择正确的主视图，在括号内画√

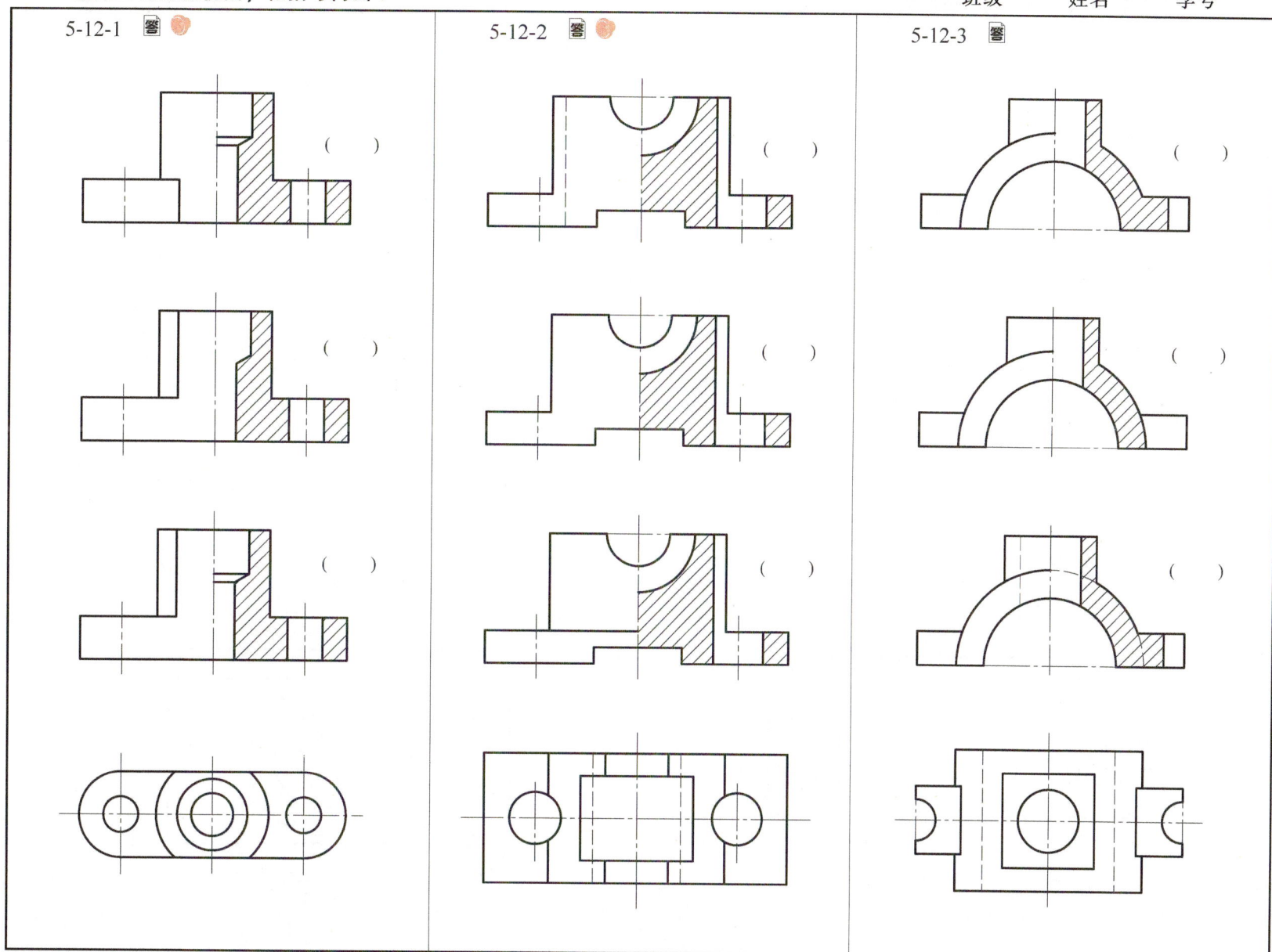

5-13 在指定位置将主视图改画成半剖视图（一）

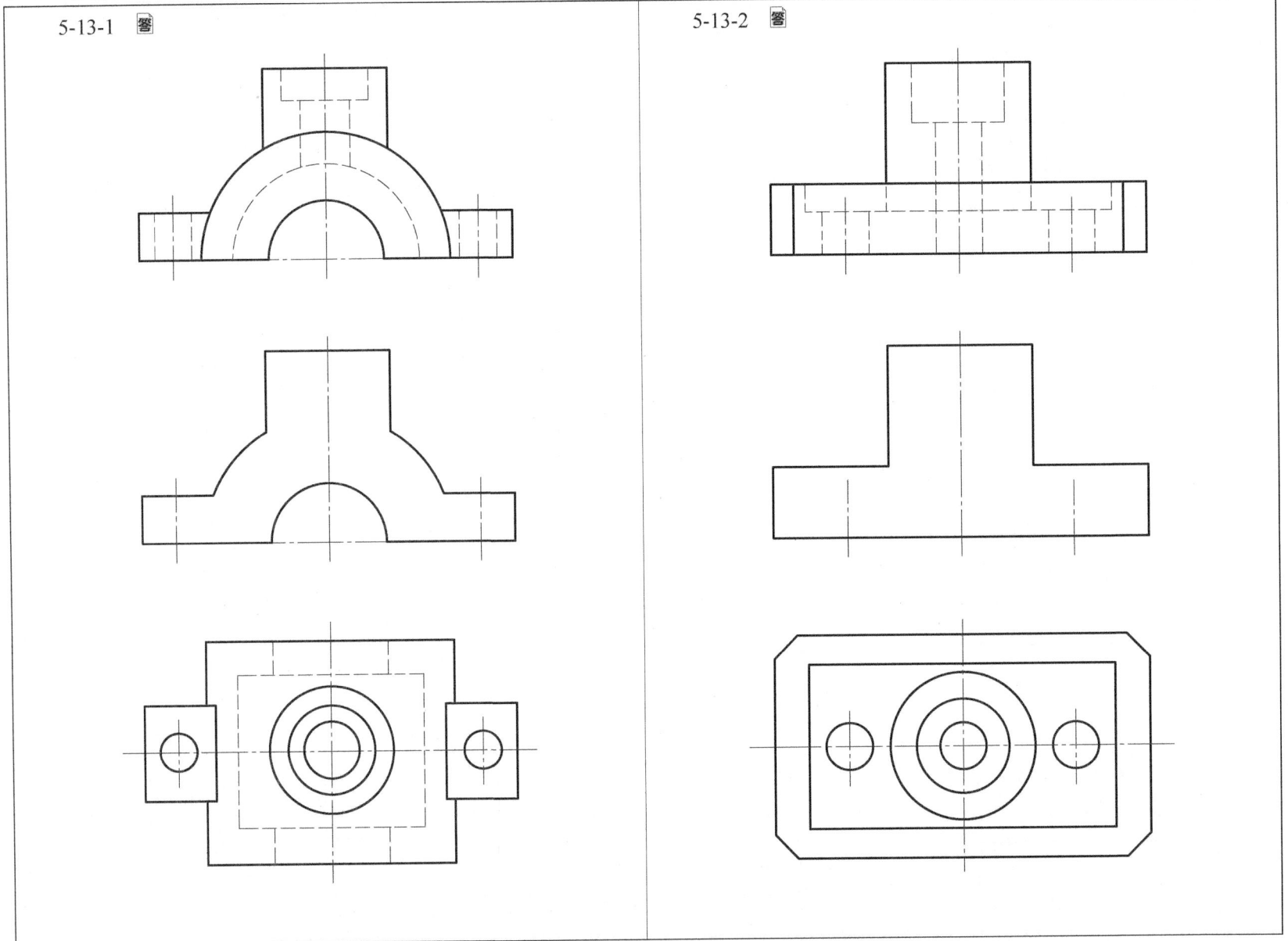

5-14 在指定位置将主视图改画成半剖视图（二）

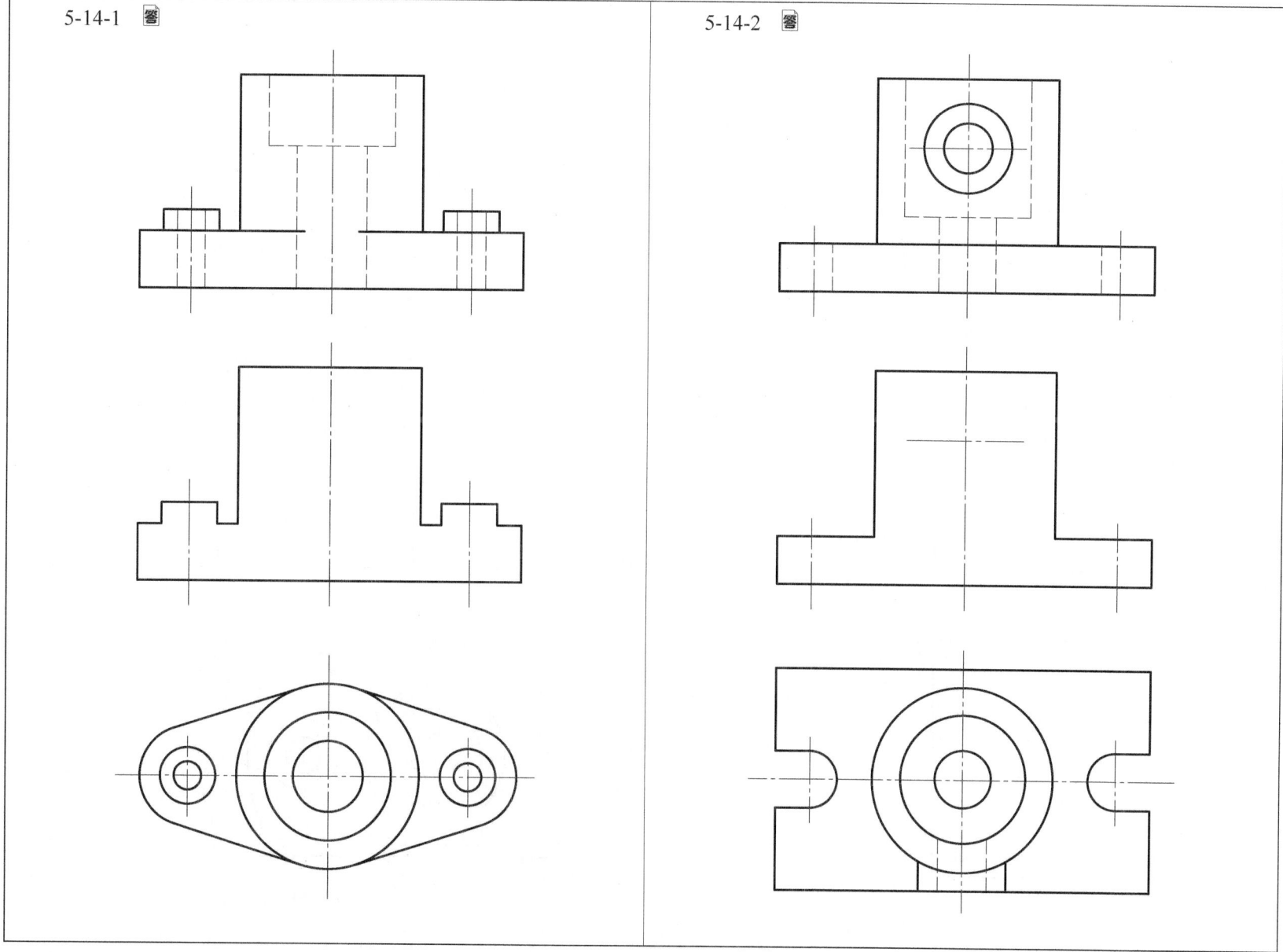

5-15 在指定位置将左视图改画成全剖视图

5-15-1

5-15-2

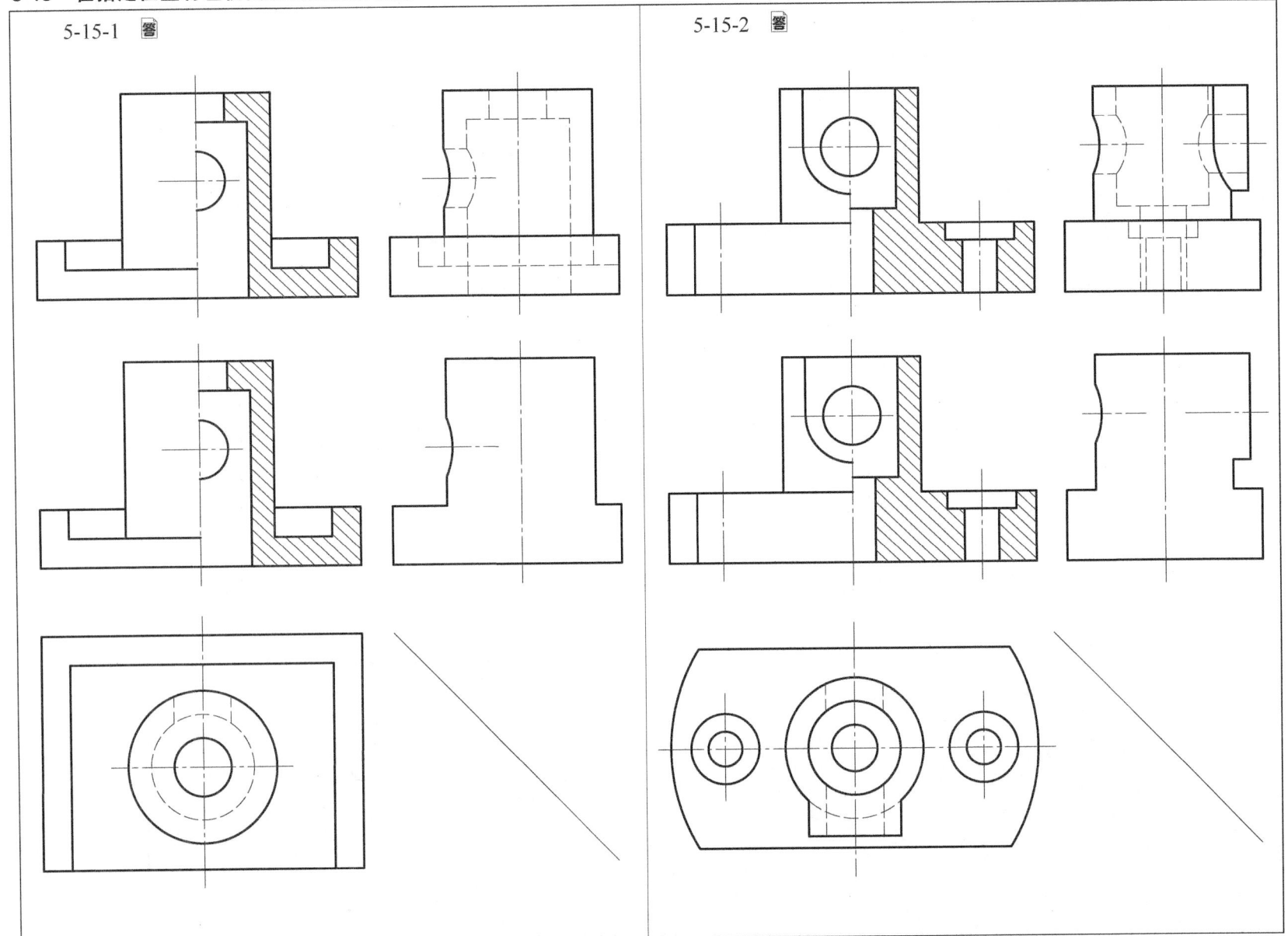

5-16 在指定位置将主、左视图改画成半剖视图

5-16-1

5-16-2

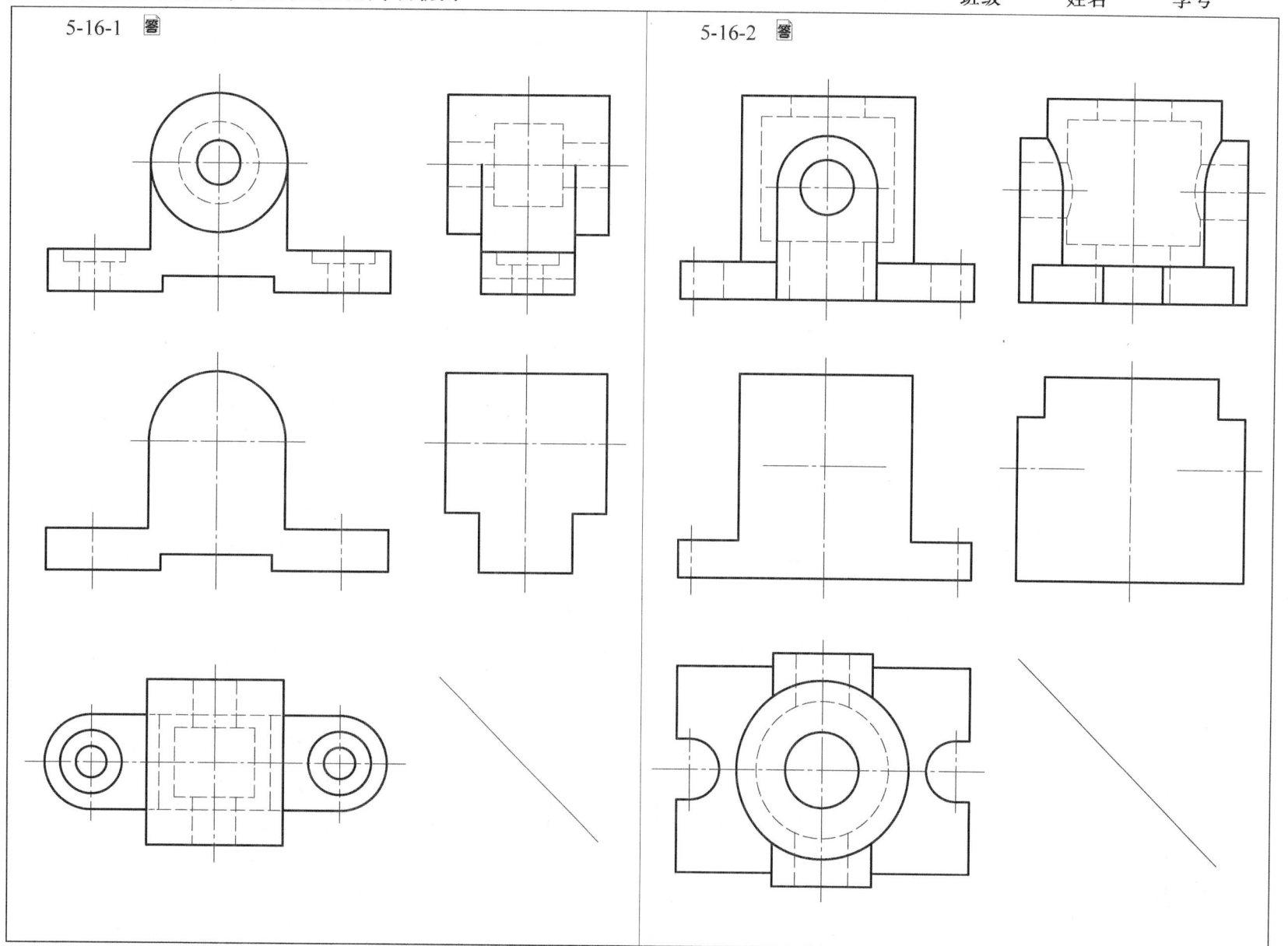

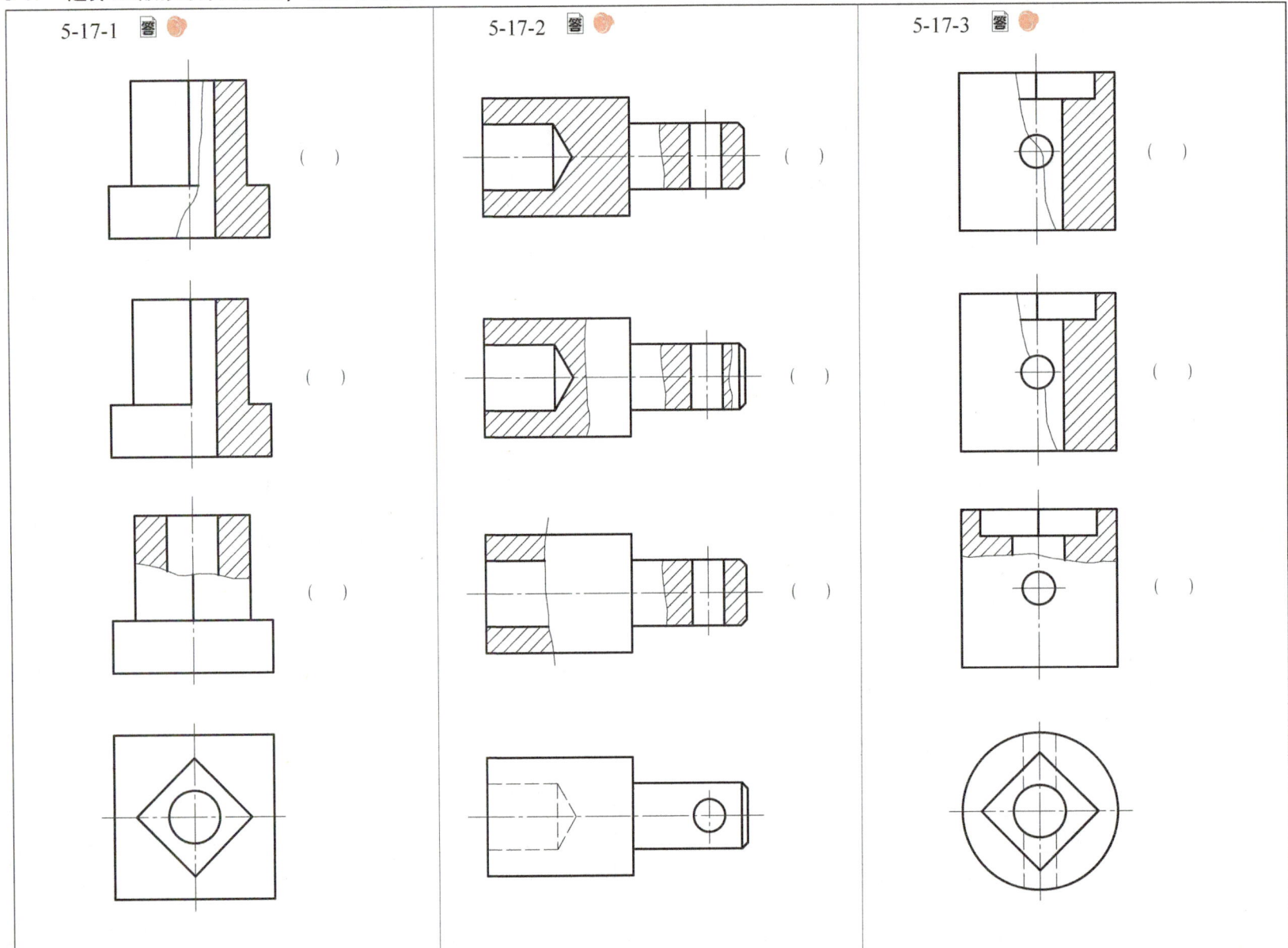

5-18 在适当的部位作局部剖视图，多余的线画×

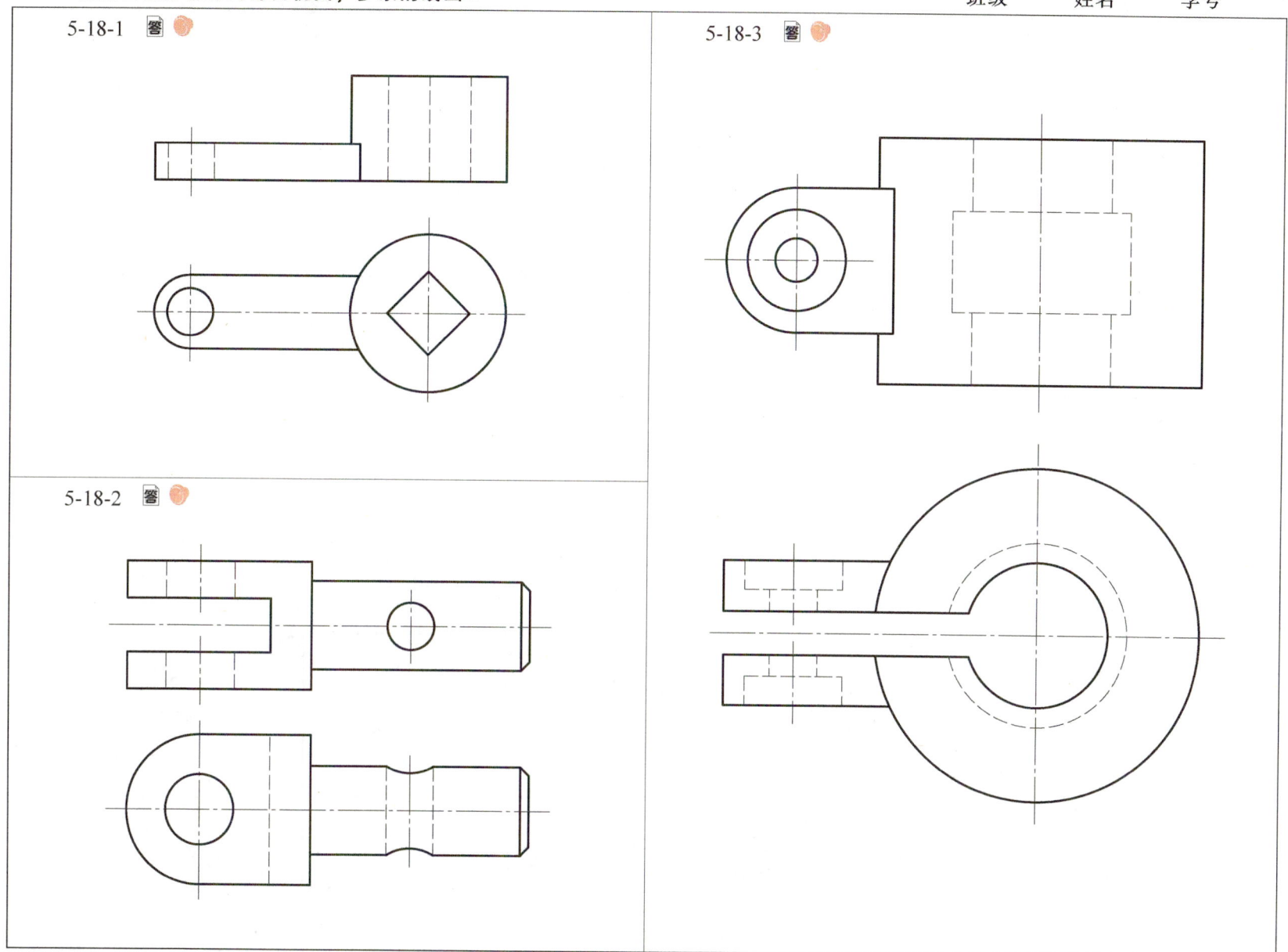

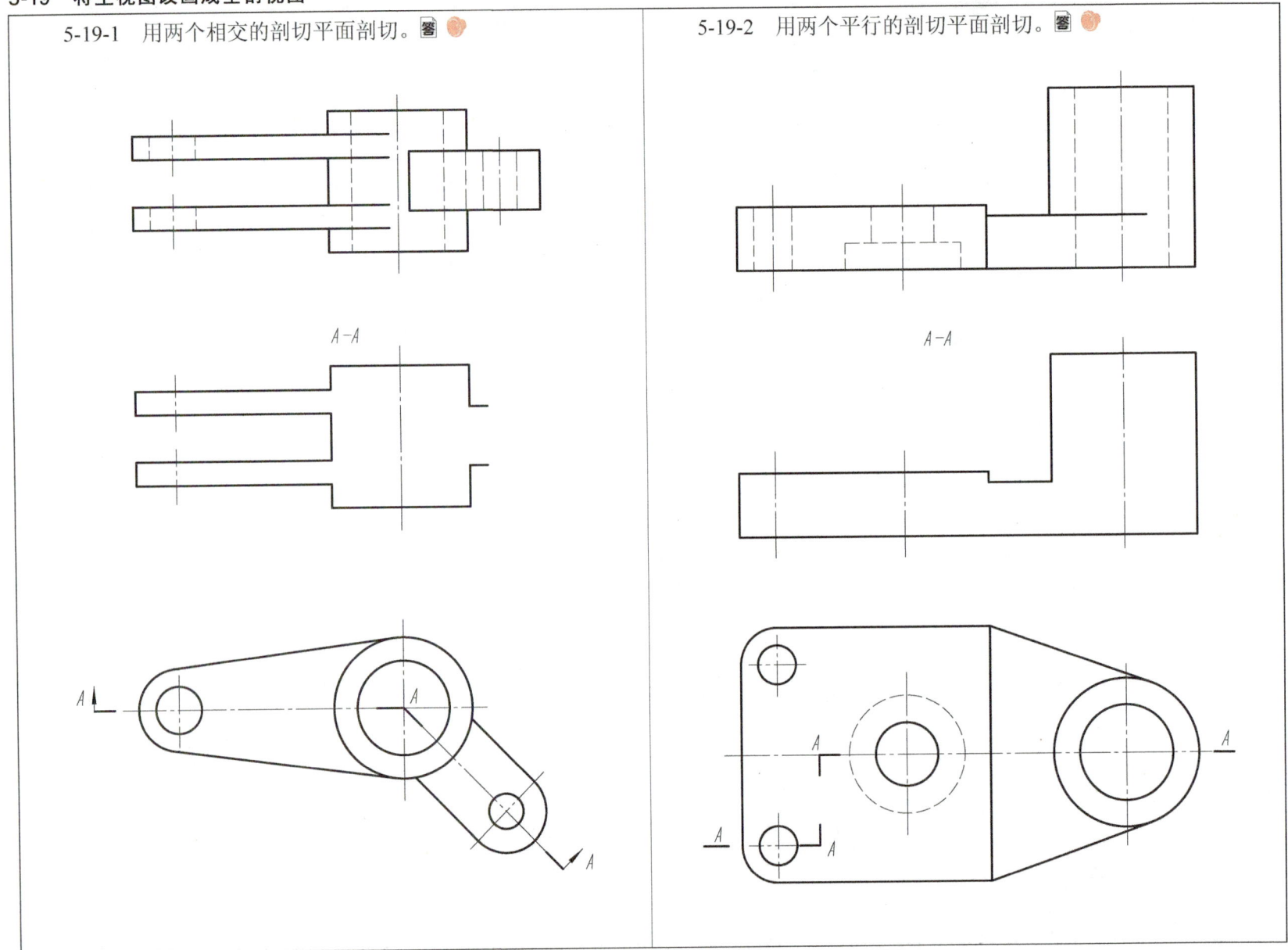

5-20 选择正确的主视图,在括号内画√

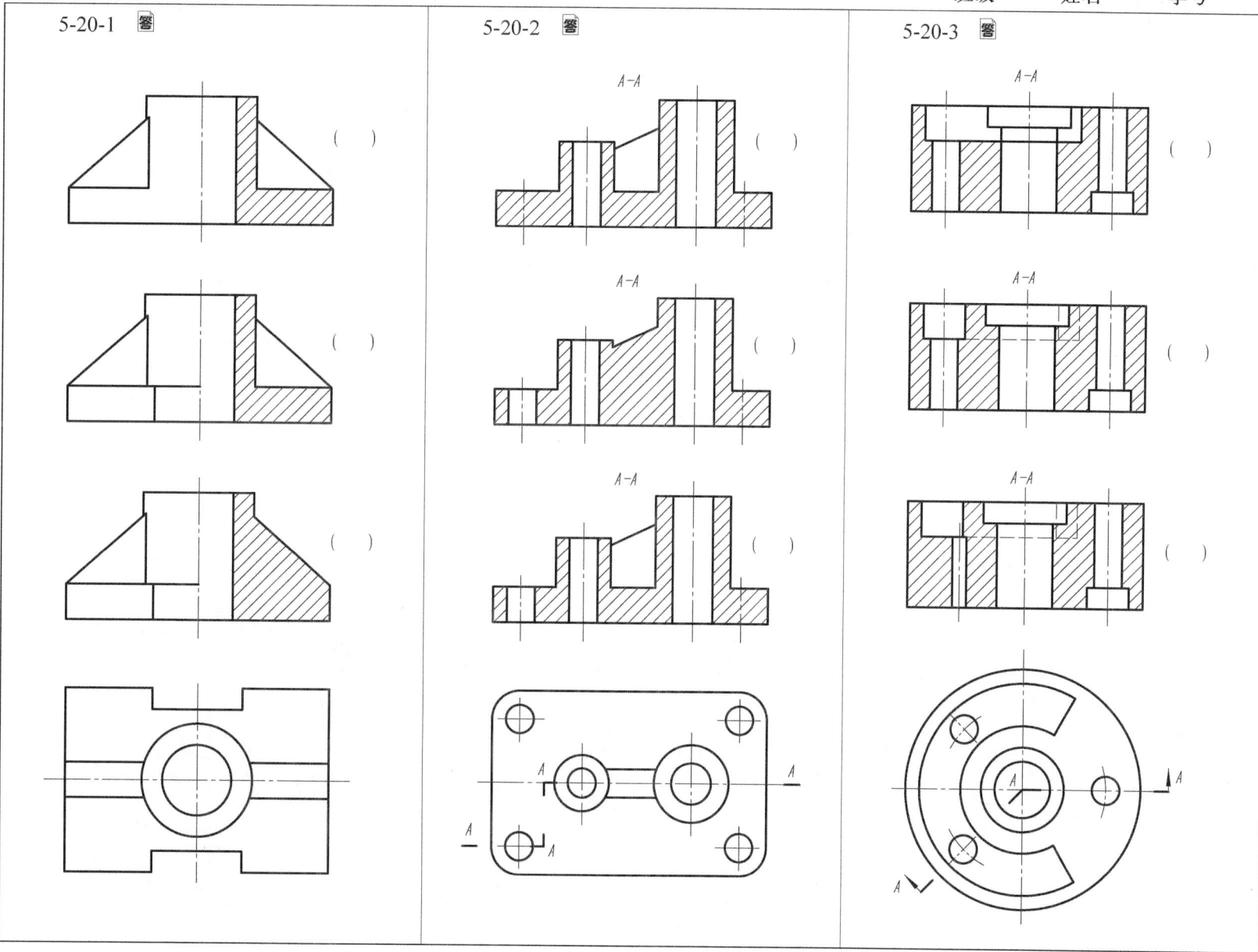

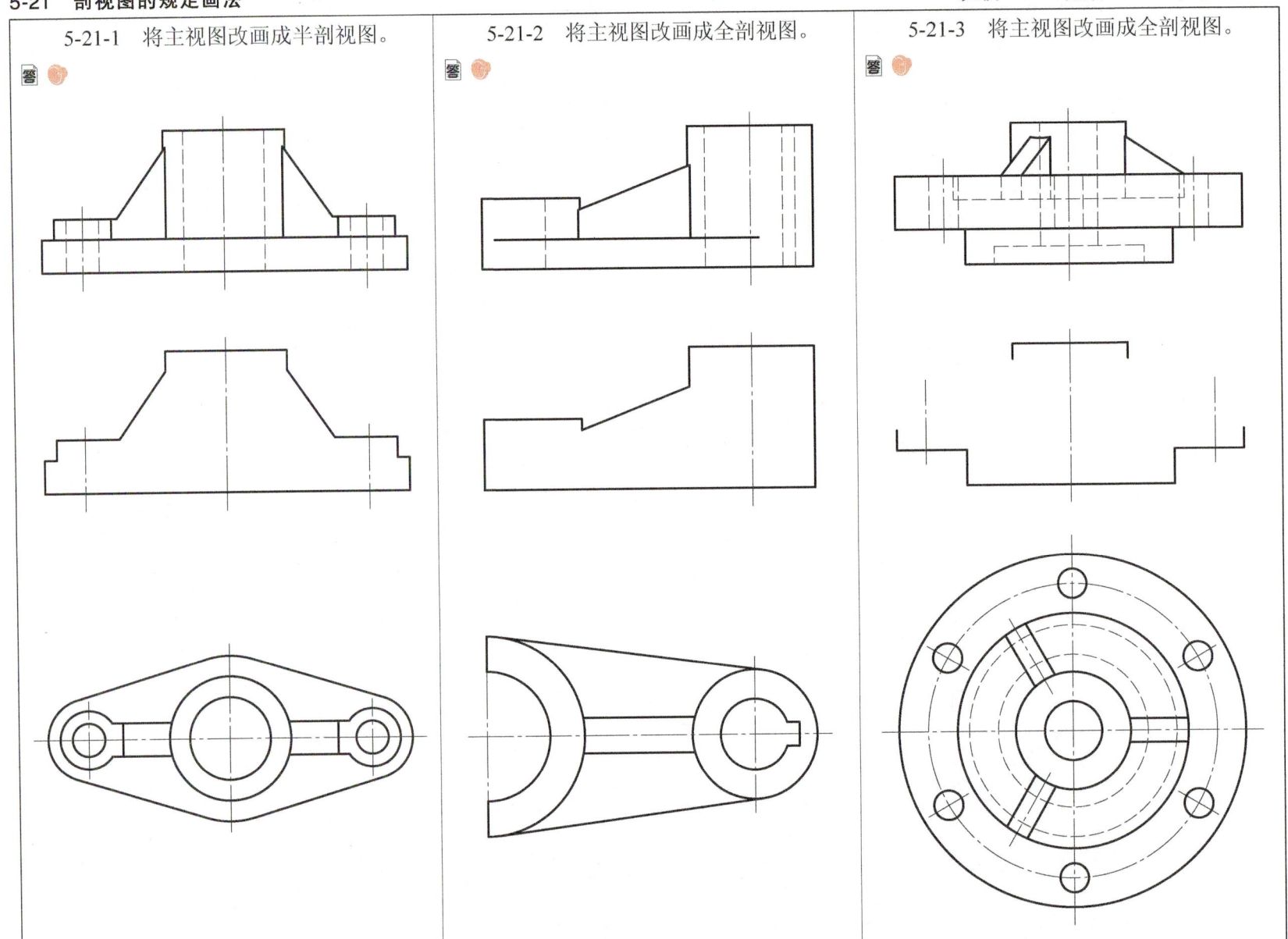

5-22 找出正确的移出断面图

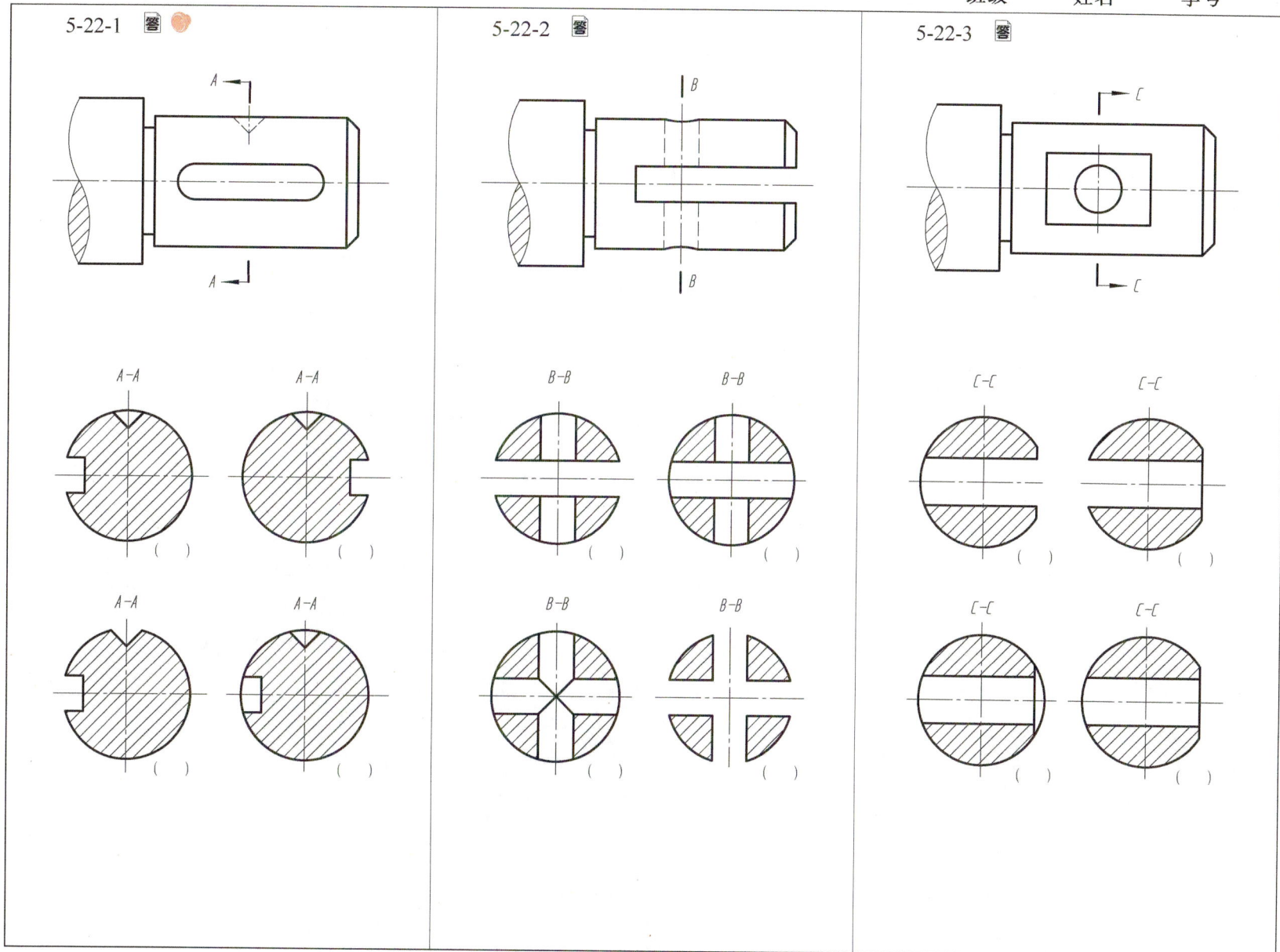

5-23 在指定位置画出移出断面图，尺寸按1:1的比例从视图中量取整数

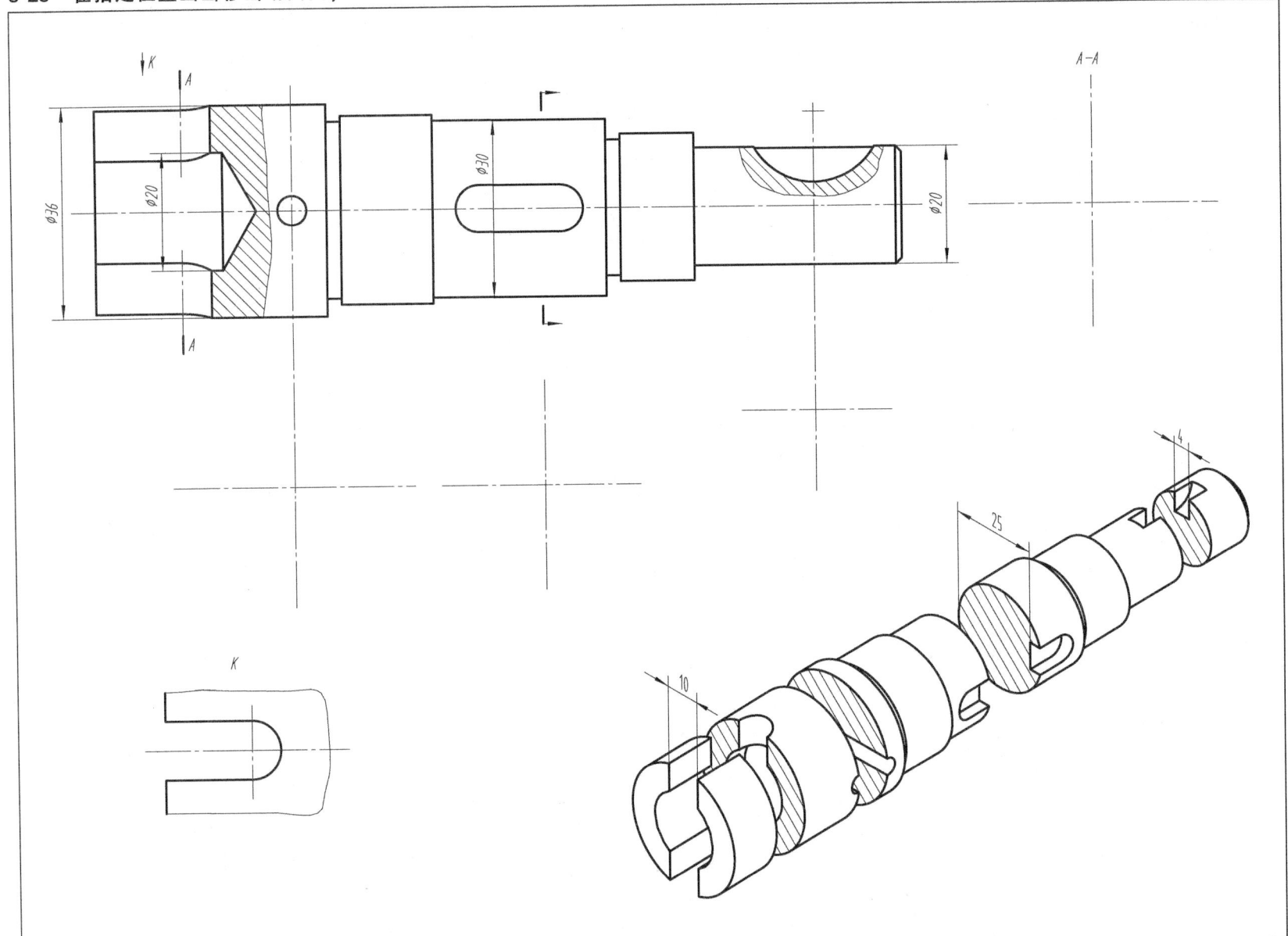

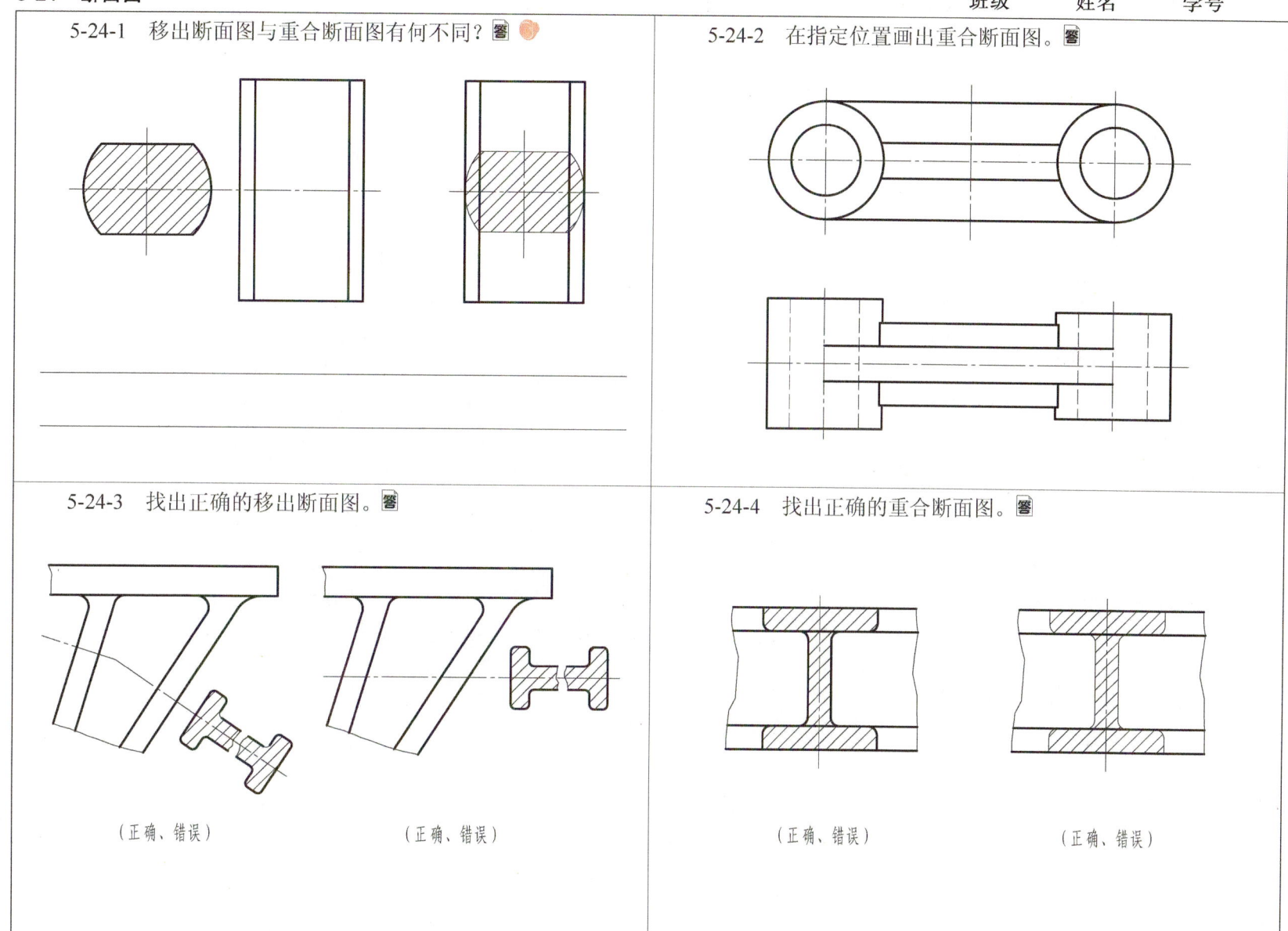

5-25 尺规图作业（表达方法综合练习）

№4 作业指导书

一、作业目的

1) 训练选择物体表达方法的基本能力。
2) 进一步理解剖视的概念，掌握剖视图的画法。

二、内容与要求

1) 根据支座的轴测图，按所注尺寸（比例为 1∶1）画出其三视图，并在视图上选取适当的剖视，标注尺寸。
2) 自行确定比例及图纸幅面，用铅笔加深。

三、注意事项

1) 应用形体分析法，看清物体的形状结构。首先考虑把主要结构表达清楚，对尚未表达清楚的结构可采用适当的表达方法予以解决。可多考虑几种表达方案进行比较，从中确定最佳方案。

2) 剖视图应直接画出，而不是先画成视图，再将视图改成剖视图。

3) 要注意剖视图的标注。分清哪些剖切位置可以不标注，哪些剖切位置必须标注。

4) 要特别注意局部剖视图中波浪线的画法。

5) 各视图中剖面线的方向和间隔应保持一致。

6) 应用形体分析法标注尺寸，确保所注尺寸既不遗漏，也不重复。

四、图例（右图）

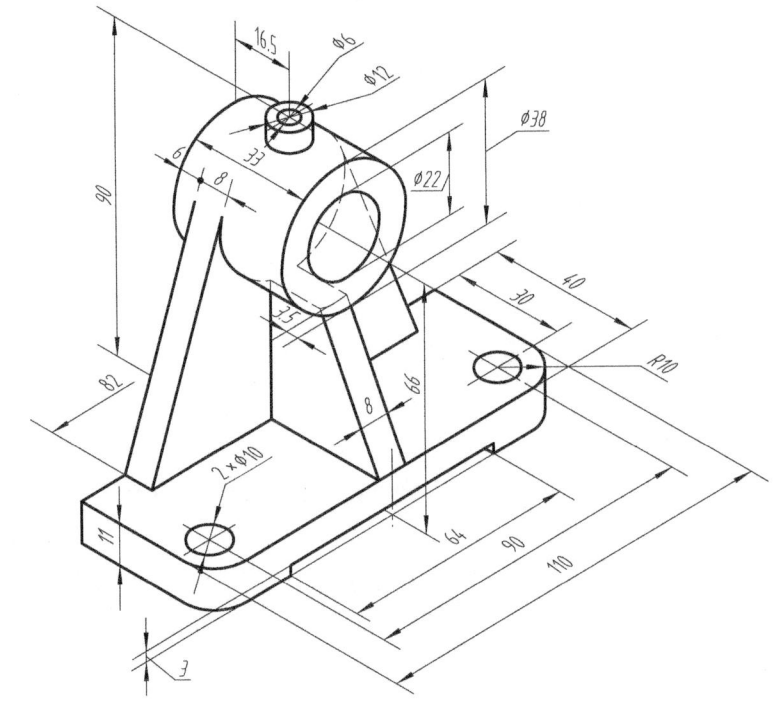

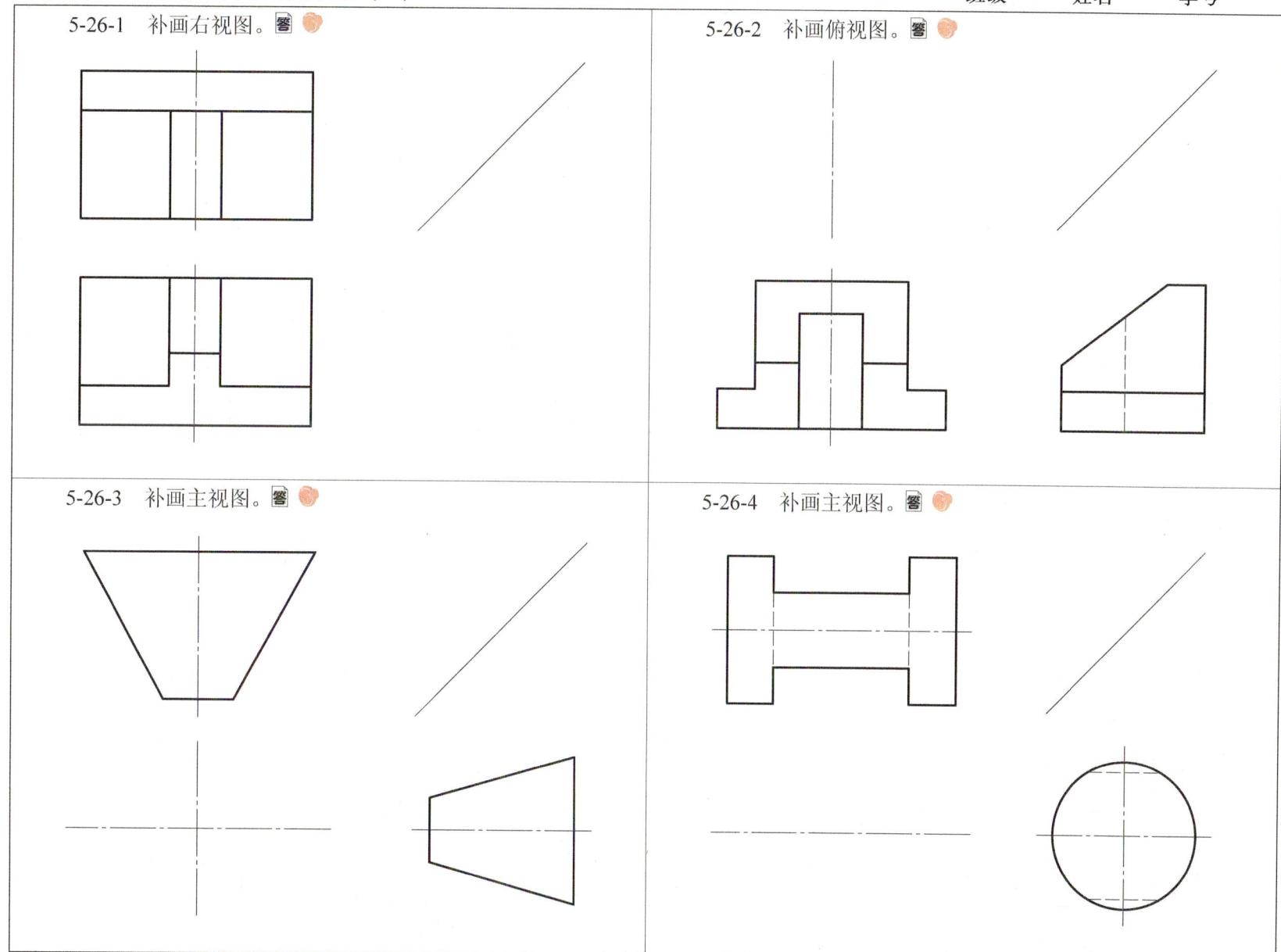

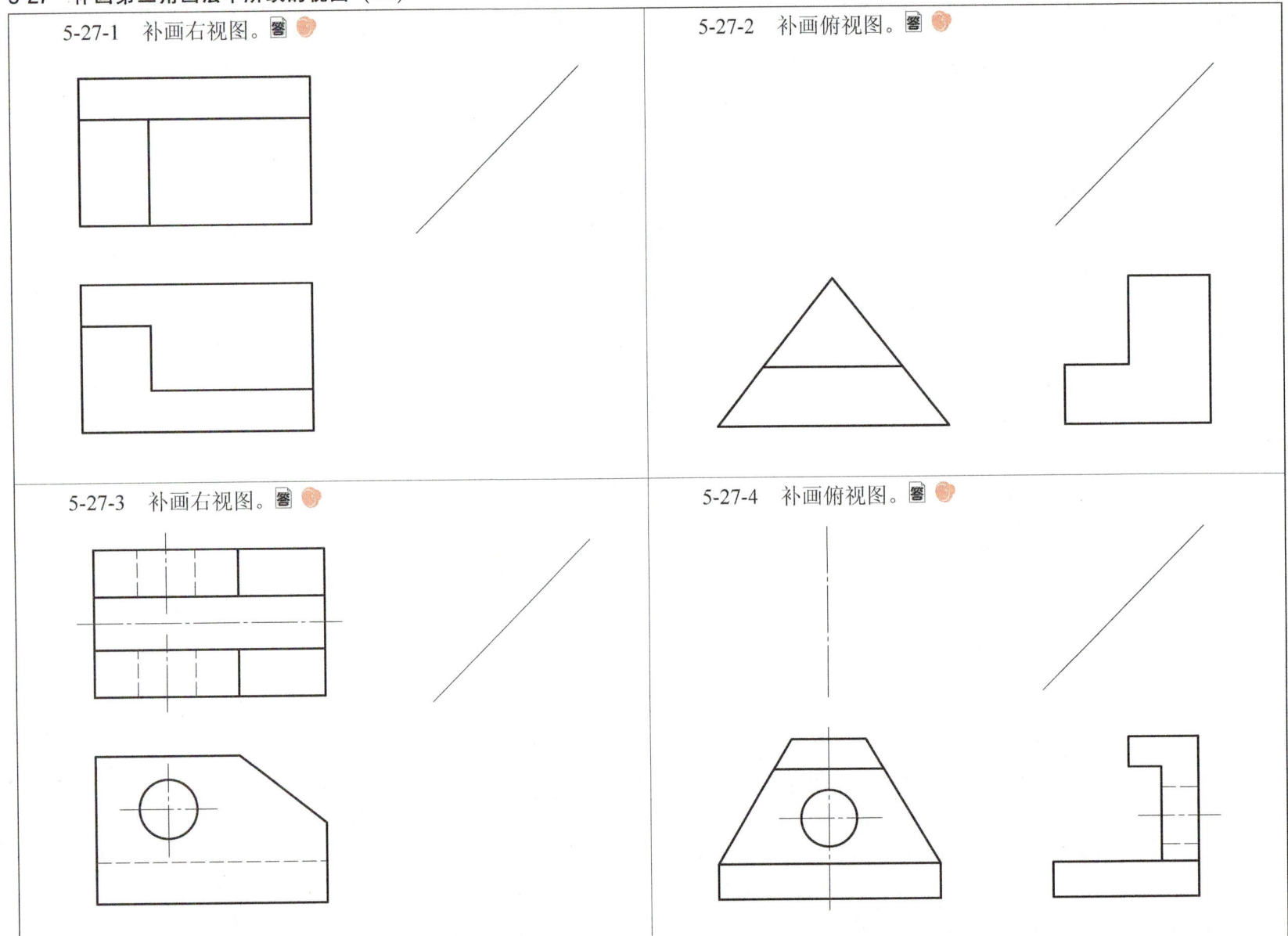

第六章 机械图样常用的表示法

6-1 回答下列问题

班级　　　姓名　　　学号

6-1-1 思考题。

(1) 找找看，你身边有螺纹吗？

(2) 想一想，外螺纹或内螺纹单独存在有意义吗？＿＿＿＿

(3) 一对单线螺纹旋合时，转一圈旋进多少？＿＿＿＿＿＿

(4) 想一想，螺纹采用规定画法后，还能看出螺纹的旋向吗？＿＿＿＿

(5) 外螺纹牙底圆的投影直径按牙顶圆投影的多少倍绘制？(应记住) ＿＿＿＿＿＿＿＿

(6) 螺纹旋合在一起时，外螺纹牙顶圆的投影与内螺纹牙底圆的投影为什么要对齐？＿＿＿＿＿＿＿＿

6-1-2 选择回答问题。

(1) 对螺纹标记"M12×1-5g6g-L-LH"中前段部分的正确称呼是（　　）。

A. M12×1是尺寸代号　B. M12×1是螺纹代号　C. 12×1是尺寸代号

(2) 螺纹标记"M10"是指（　　）。

A. 内螺纹　B. 外螺纹　C. 内螺纹或外螺纹　D. 螺纹副

(3) 按现行螺纹标准，螺纹特征代号G表示管螺纹，其名称是（　　）。

A. 圆柱管螺纹　B. 55°非密封管螺纹　C. 非螺纹密封的管螺纹

(4) 管螺纹标记"G3/4"中的数字"3/4"是指（　　）。

A. 以mm为单位的管子通径　B. 以英寸为单位的管子通径

C. 以mm为单位的螺纹公称直径　D. 无单位的尺寸代号

6-1-3 填空回答问题。

(1) 一外螺纹标记为"M16"，其中M是（　　）代号，表示（　　）螺纹，该螺纹为（　　）牙（填粗或细），旋向为（　　）旋，（　　）和（　　）的公差带代号为（　　），旋合长度为（　　）。

(2) 某普通螺纹标记中注有"Ph6"和"P2"，它表示（　　）为（　　）mm，（　　）为（　　）mm。

(3) 一内螺纹标记为"M16×1.5"，其中M是（　　）代号，表示（　　）螺纹，该螺纹公称直径为（　　）mm，螺距为（　　）mm，旋向为（　　）旋，（　　）和（　　）的公差带代号为（　　），旋合长度为（　　）。

6-1-4 判断题（在括号内画√或画×）。

(1) 普通螺纹标记中的公称直径是指螺纹的大径。（　）

(2) 管螺纹标记中的尺寸代号为1/2，是指该管螺纹大径的基本尺寸。（　）

(3) 当普通螺纹为左旋时，应将其旋向代号"LH"注写在螺纹标记的最后。（　）

(4) 某螺纹孔的标记为"M10"，这一简化标记无法确定螺纹的公差带代号。（　）

(5) 凡是左旋标准螺纹，必须在标记中注写"LH"，标记中无"LH"者均应理解为右旋螺纹。（　）

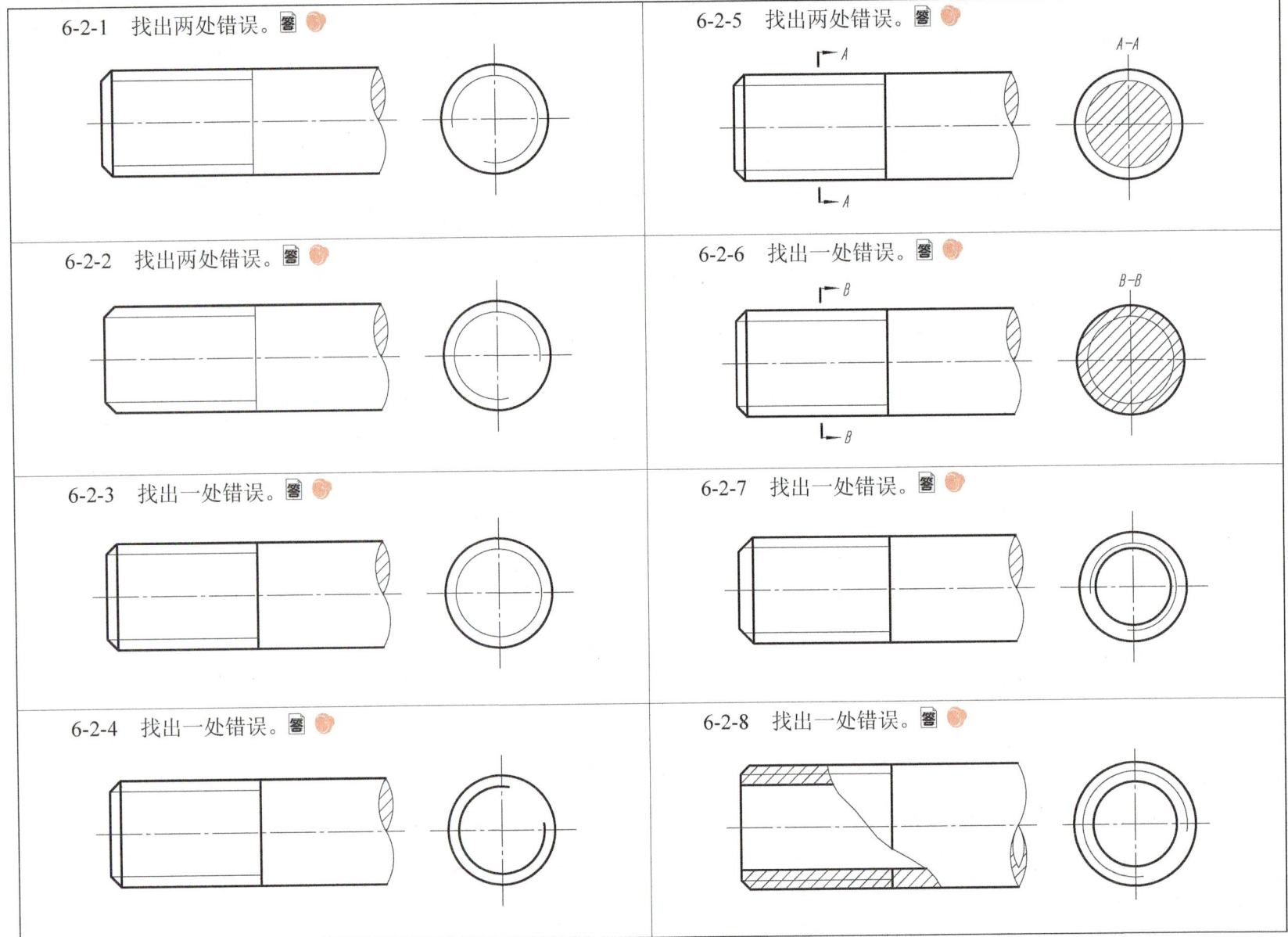

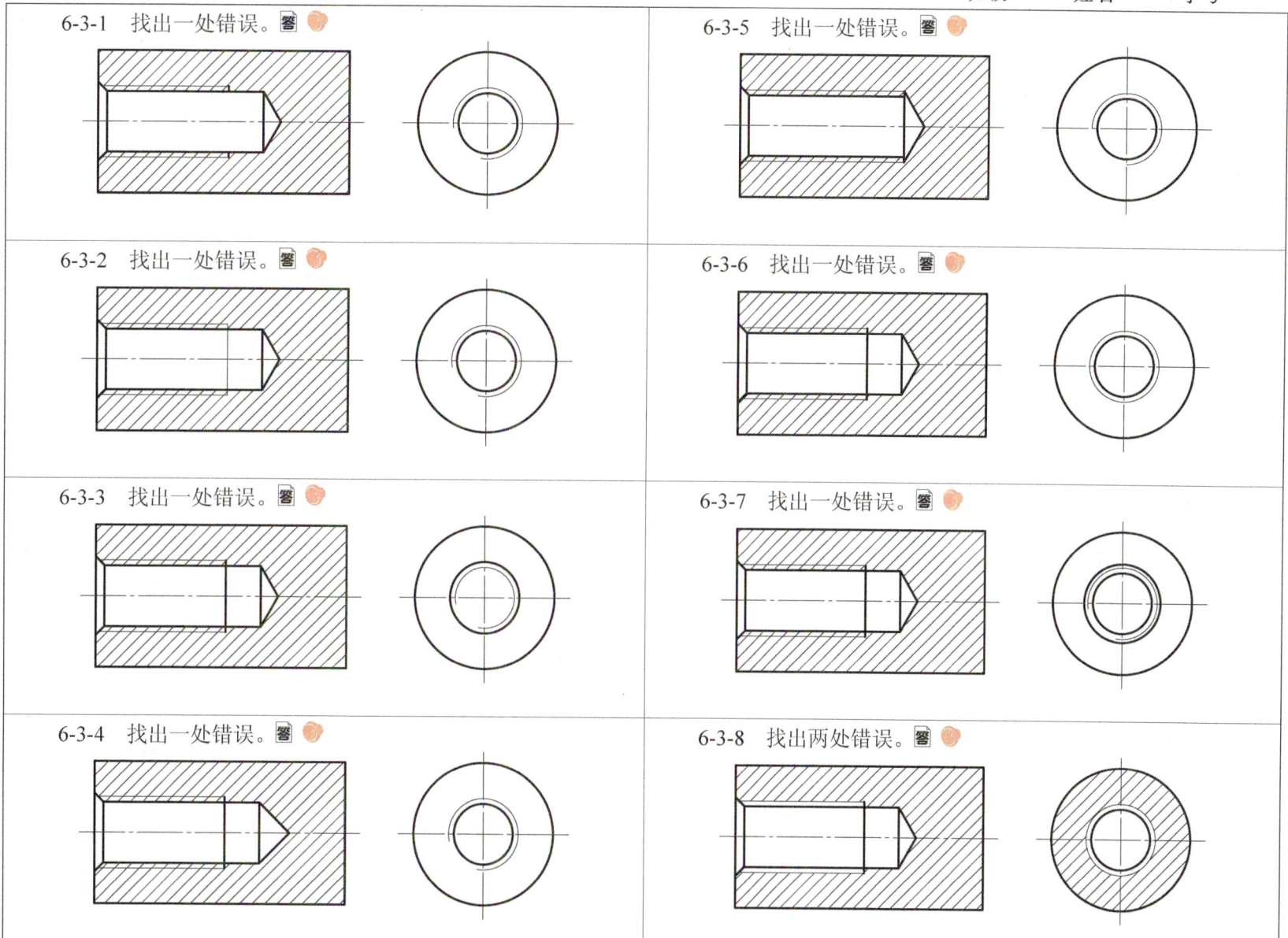

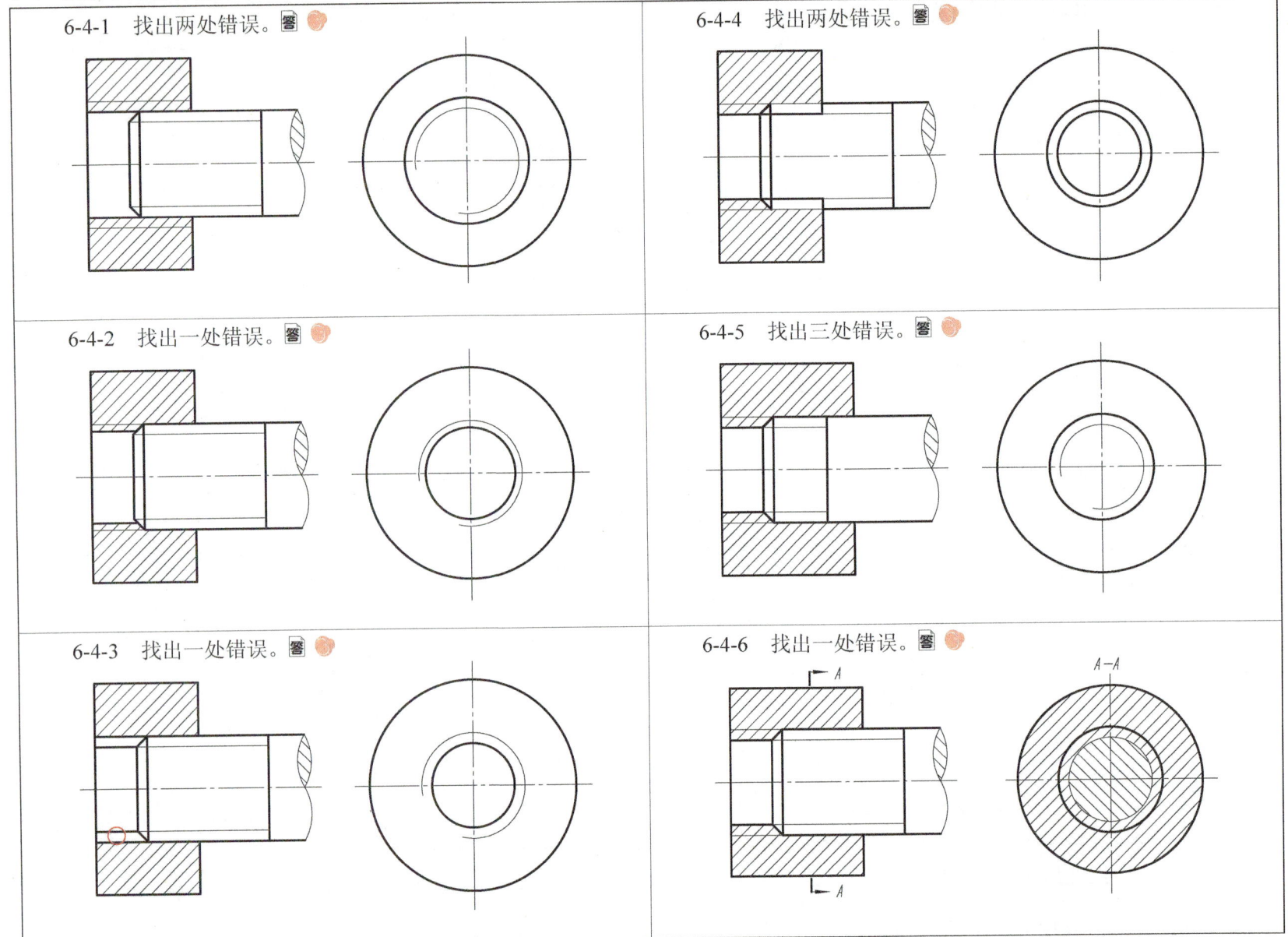

6-5 按给定的尺寸，根据螺纹规定画法画出螺纹

6-5-1 外螺纹（d=24mm），螺纹长度为35mm。

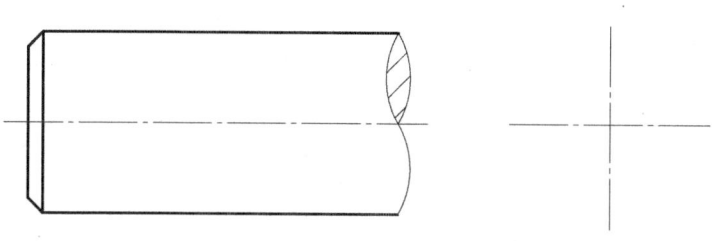

6-5-2 螺纹通孔（D=20mm），两端孔口倒角 $C1.5$。

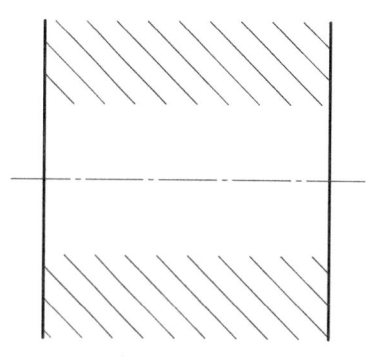 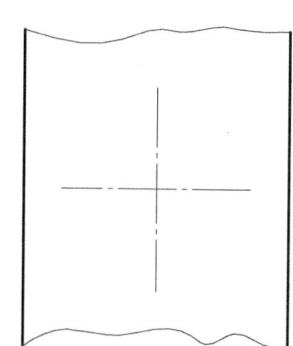

6-5-3 螺纹不通孔（D=16mm），钻孔深度30mm，螺纹深度22mm，孔口倒角 $C1.5$（钻孔底部的画法，参见教材图6-9）。

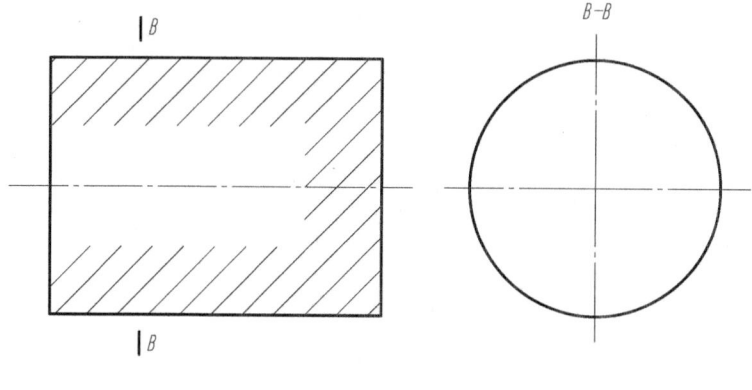

6-5-4 按螺纹联接的规定画法完成下面图形。

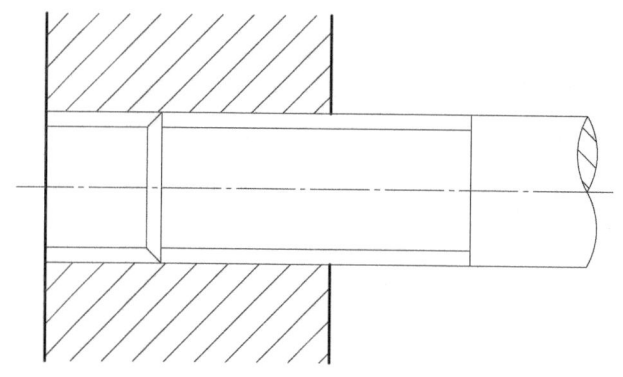

6-6 根据螺纹标记，查教材表 A-1、表 A-2，填写下列内容   班级   姓名   学号

普通螺纹标记	螺 纹 名 称	公称直径	螺距	中径公差带	顶径公差带	旋合长度	旋向
M20 （注：外螺纹）							
M10×1-6h							
M16-6G-LH							
M20×2-5H-S							
M24 （注：内螺纹）							
M30-7g6g-L							
M20×1.5-6e-LH							
M12-6G							

管螺纹标记	螺 纹 名 称	尺寸代号	大径	中径	小径	螺距	每25.4 mm内的牙数	旋向
Rc2½LH								
Rp3								
R₁¾LH								
G1¼A								
G1¼LH								

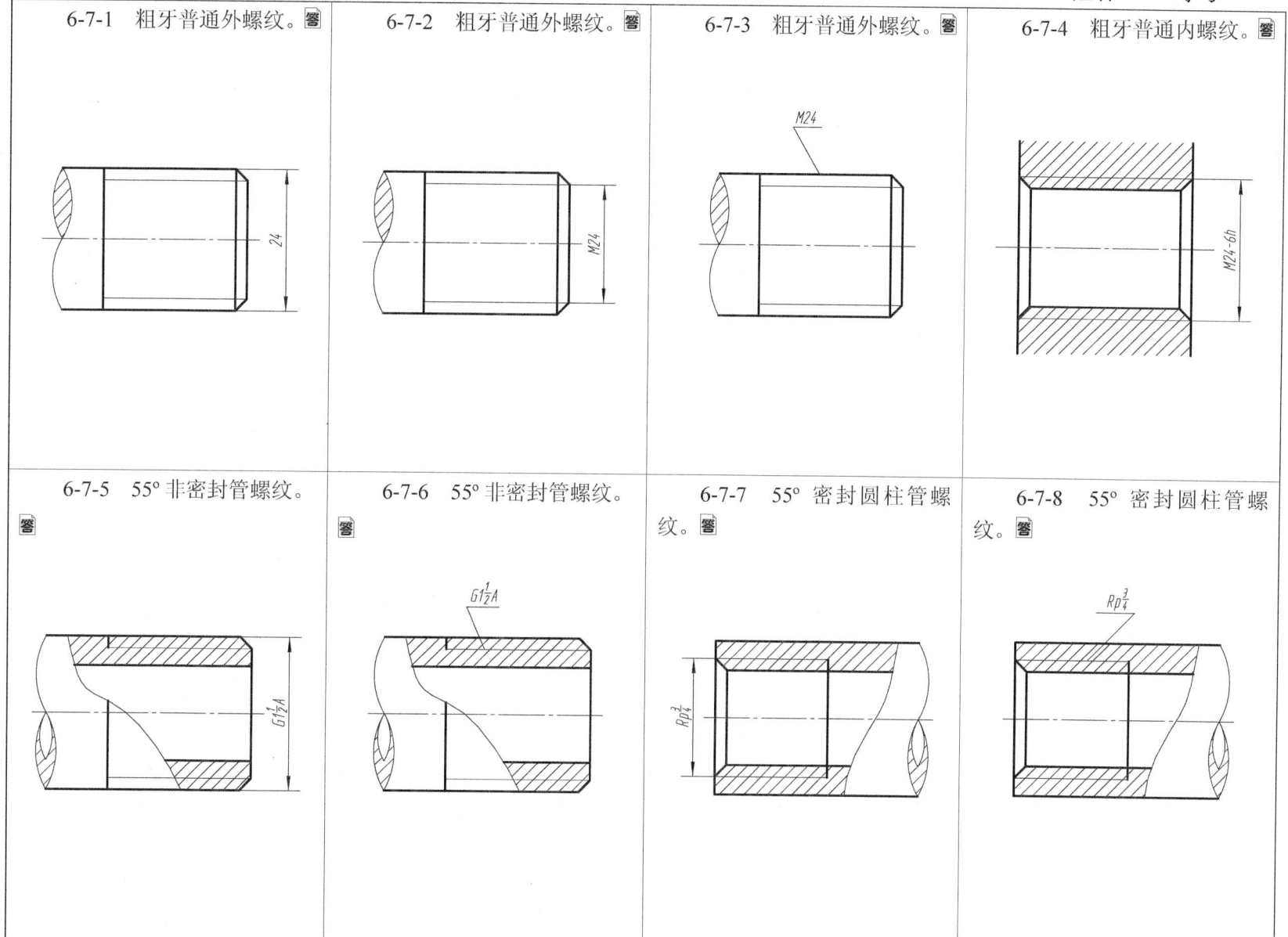

6-8 标注螺纹尺寸

6-8-1 普通螺纹，大径为 20mm，螺距为 2.5mm，单线，中径和大径公差带均为 6g，右旋。

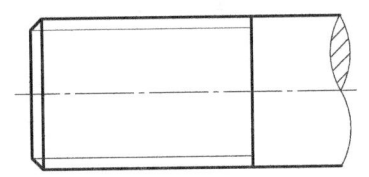

6-8-2 普通螺纹，大径为 24mm，螺距为 3mm，单线，中径和小径公差带均为 6H，右旋。

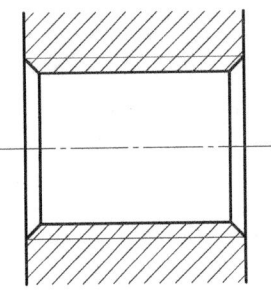

6-8-3 普通螺纹，大径为 16mm，螺距为 1.5mm，单线，中径和大径公差带均为 6e，左旋。

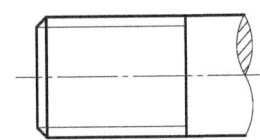

6-8-4 55° 非密封管螺纹，尺寸代号为 3/4，公差带等级为 A 级，右旋。

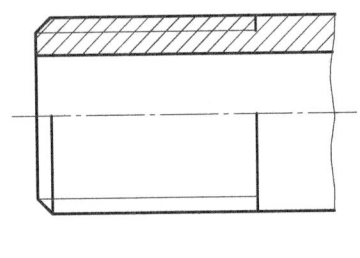

6-8-5 55° 密封圆锥内管螺纹，尺寸代号为 3/4，右旋。

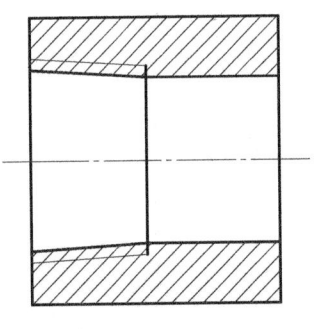

6-8-6 与圆锥内螺纹相配合的 55° 密封圆锥外管螺纹，尺寸代号为 3/4，左旋。

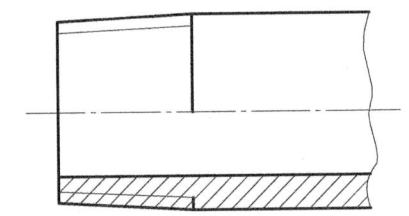

6-9 查表确定下列各标准件的尺寸，并写出规定标记

班级　　姓名　　学号

6-9-1 六角头螺栓　C 级。

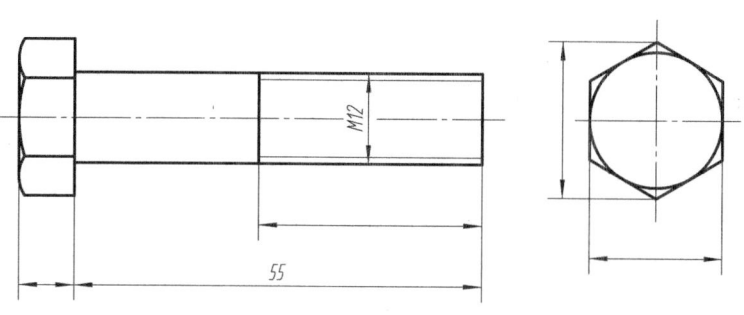

规定标记 _____

6-9-2 双头螺柱（B 型，$b_m=1.25d$）。

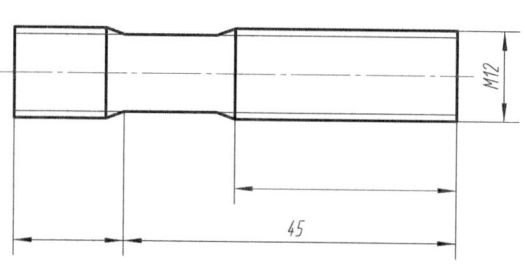

规定标记 _____

6-9-3 六角螺母　C 级。

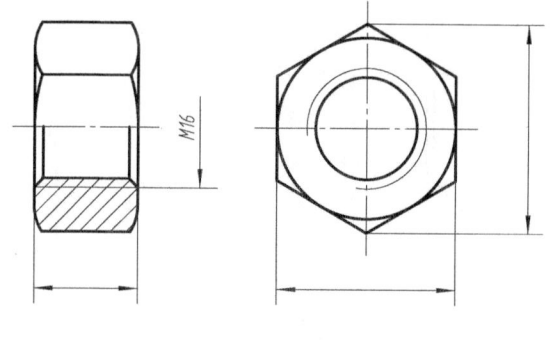

规定标记 _____

6-9-4 平垫圈　C 级。

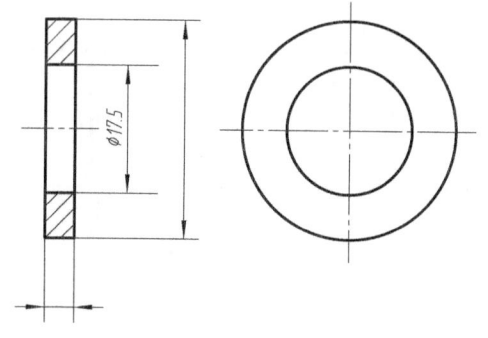

规定标记 _____

6-10 找出螺栓和螺柱联接画法中的错误（用铅笔圈出）

6-10-1

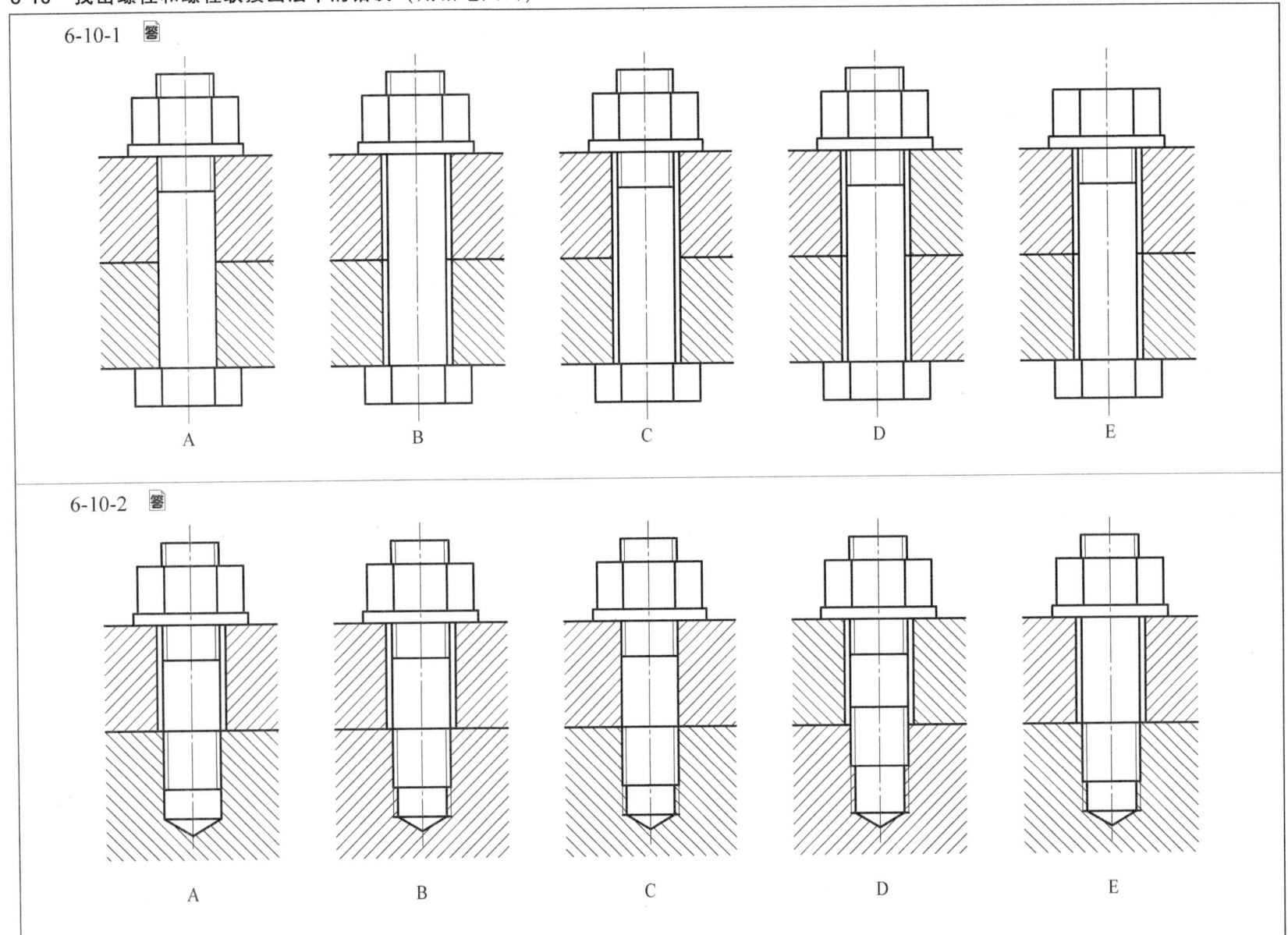

6-10-2

6-11 找出螺栓联接三视图中的错误（每题三处，用铅笔圈出）

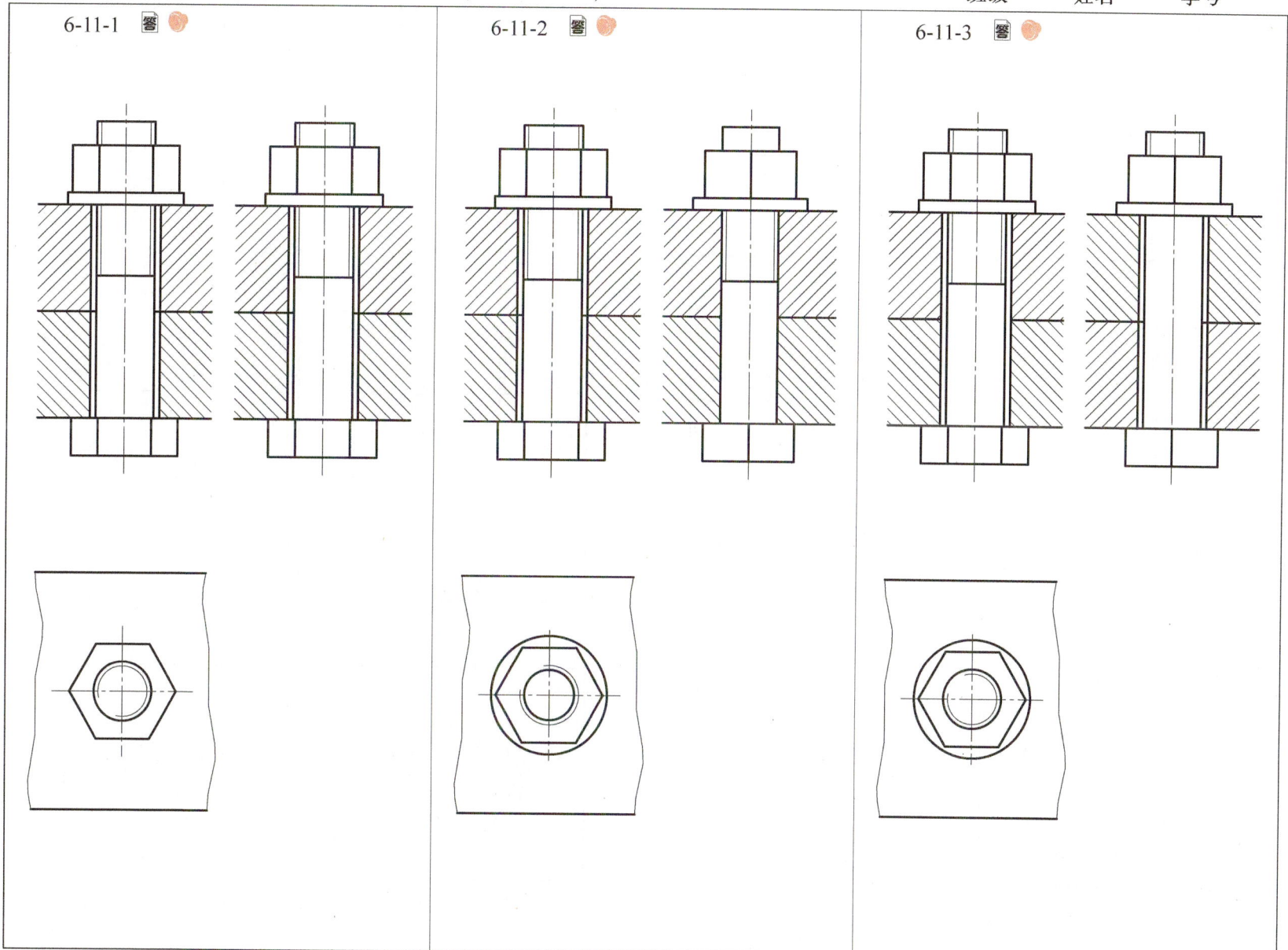

6-12 螺栓联接与螺柱联接

6-12-1 补画螺栓联接三视图中遗漏的图线。

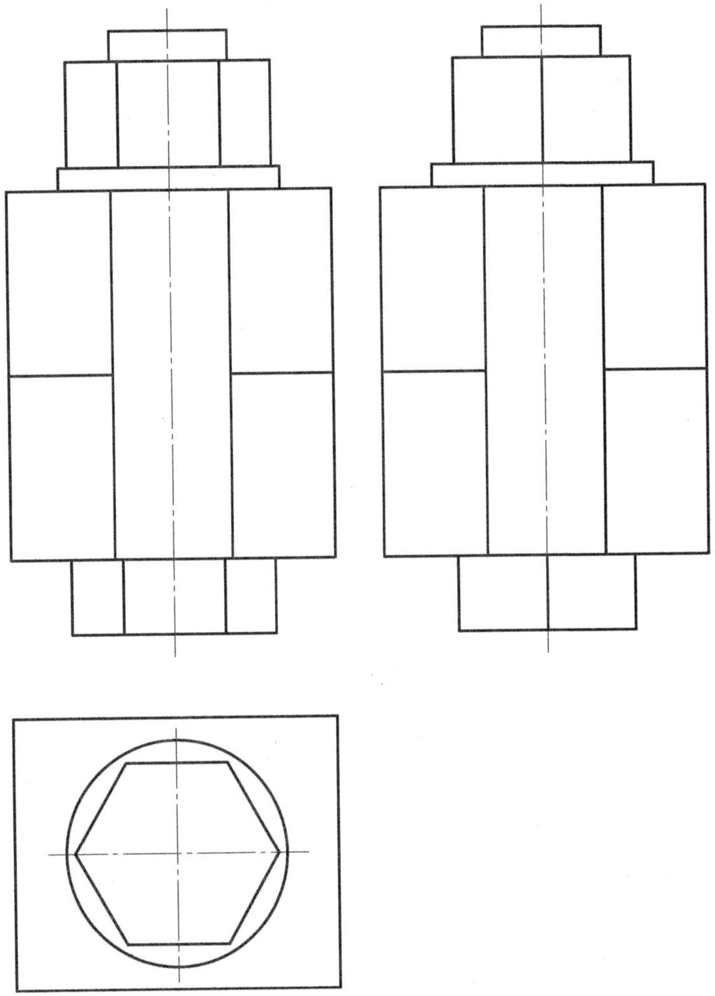

6-12-2 对比下面两组图形，圈出右图中的五处错误。

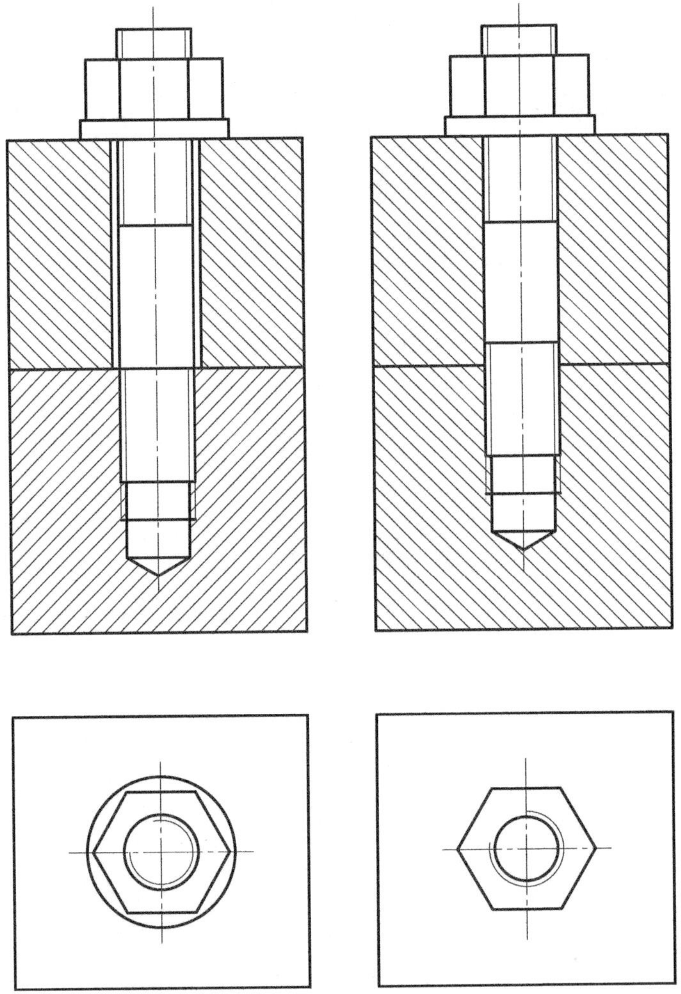

6-13 标注表面粗糙度

6-13-1 找出表面粗糙度的标注错误，按正确的注法标在下图中。

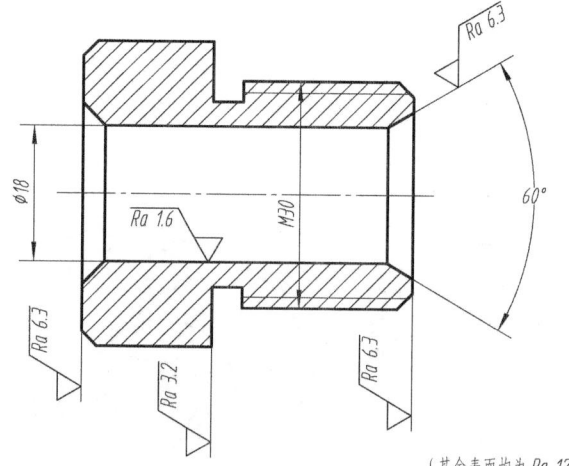

（其余表面均为 Ra 12.5）

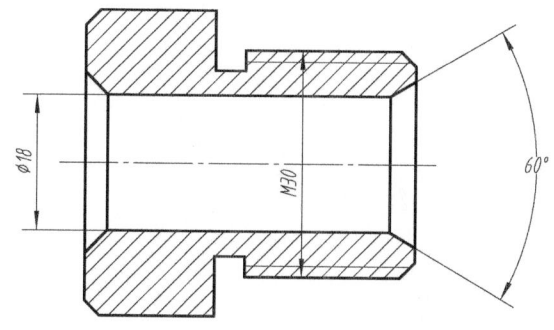

6-13-2 将表中给定的表面粗糙度，标注在相应的零件表面上。

表面	端面、底面	A	B	C、D、E	其余
Ra	6.3	1.6	3.2	12.5	∀

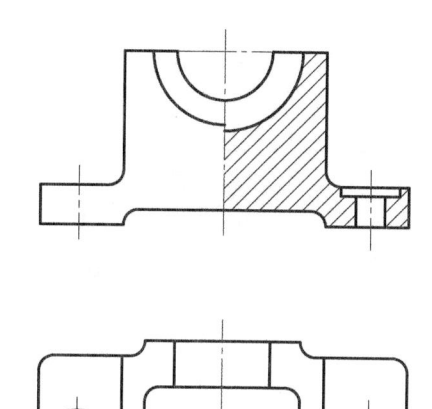

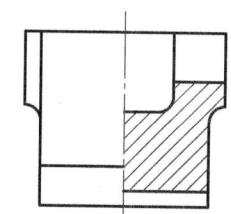

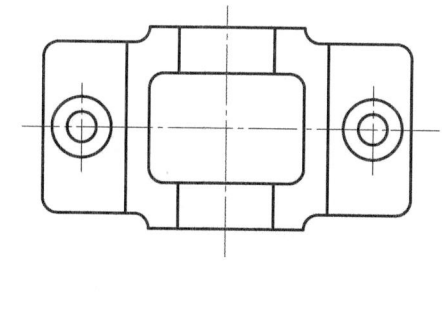

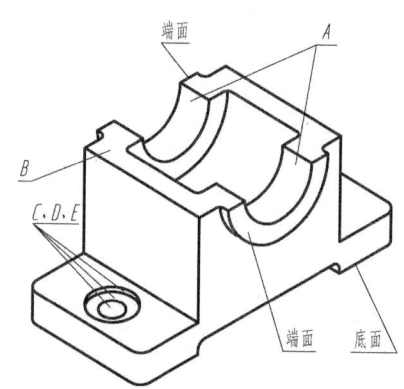

6-14 按表中给定的 Ra 数值标注表面粗糙度（一）

6-14-1

表面	A	B	C	D	其余
Ra	3.2	3.2	6.3	3.2	12.5

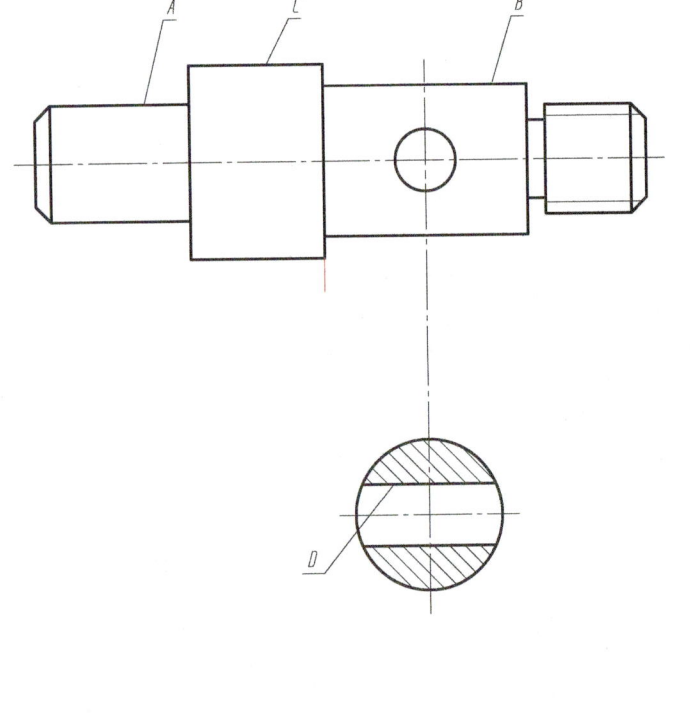

6-14-2

表面	A	B	C	D	其余
Ra	1.6	6.3	3.2	6.3	12.5

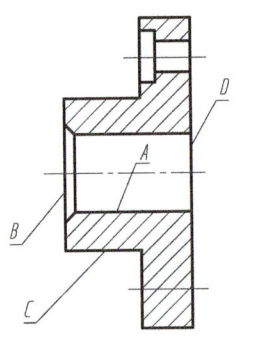
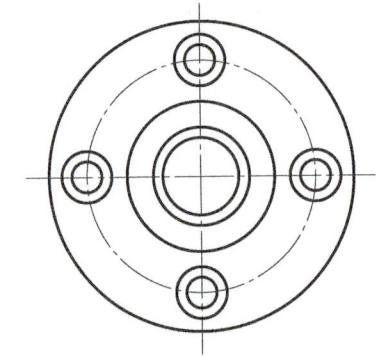

6-15 按表中给定的 Ra 数值标注表面粗糙度（二）

6-15-1

表面	A	B	C	D	其余
Ra	6.3	3.2	3.2	6.3	12.5

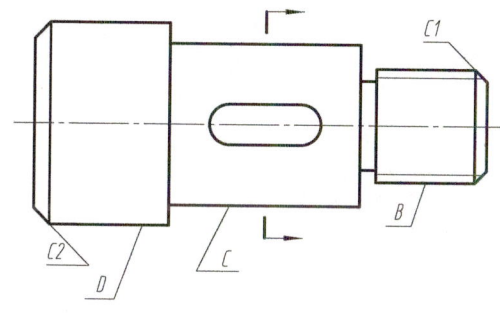

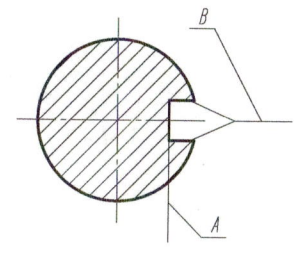

6-15-2

表面	A	B	C	D	其余
Ra	3.2	6.3	3.2	6.3	12.5

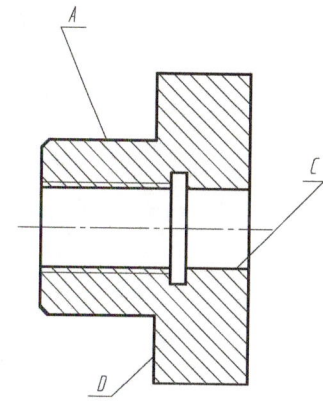

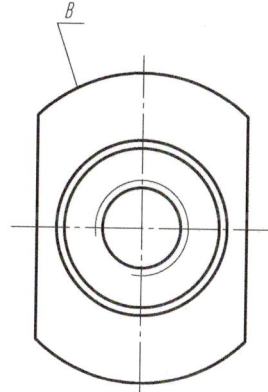

6-16 极限与配合基础知识练习

6-16-1 根据图中所标注的尺寸，填写右表。

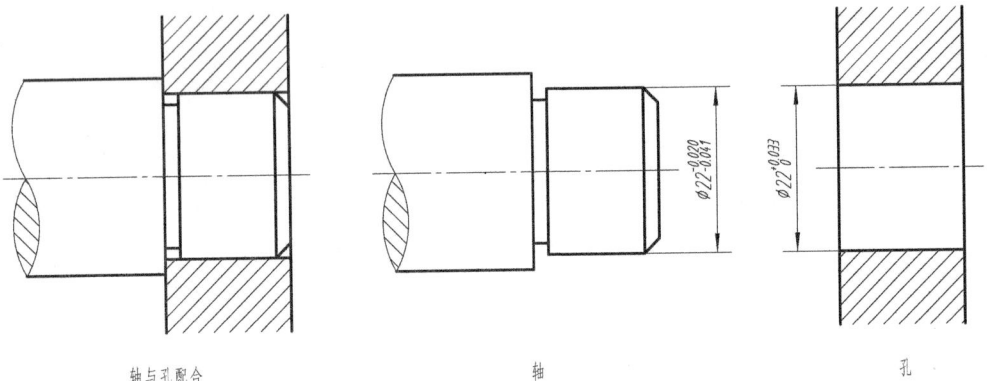

名 称	轴	孔
公称尺寸		
上极限尺寸		
下极限尺寸		
上极限偏差		
下极限偏差		
公 差		

轴与孔配合　　　轴　　　孔

6-16-2 将正确注法写在括号内。

（1）$\phi 70^{\,-0.046}$　（　　　）

（2）$\phi 20^{\,-0.02}_{\,-0.041}$　（　　　）

（3）$\phi 90 \pm 0.011$　（　　　）

（4）$\phi 25^{\,+0.021}_{\ 0}$　（　　　）

6-16-3 查教材附录，将极限偏差数值填入括号内。

（1）$\phi 50H8$　（　　　）

（2）$\phi 20JS7$　（　　　）

（3）$\phi 40f8$　（　　　）

（4）$\phi 50h7$　（　　　）

6-16-4 查教材附录，将公差带代号写在公称尺寸之后。

孔 $\begin{cases} \phi 30 & \left(\begin{array}{c}+0.033\\ 0\end{array}\right) \\ \phi 40 & \left(\begin{array}{c}-0.008\\ -0.033\end{array}\right) \end{cases}$

轴 $\begin{cases} \phi 35 & \left(\begin{array}{c}0\\ -0.039\end{array}\right) \\ \phi 60 & \left(\begin{array}{c}+0.030\\ +0.011\end{array}\right) \end{cases}$

6-17 解释配合代号的含义；根据配合代号查表，注出孔和轴的极限偏差值

6-17-1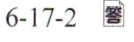

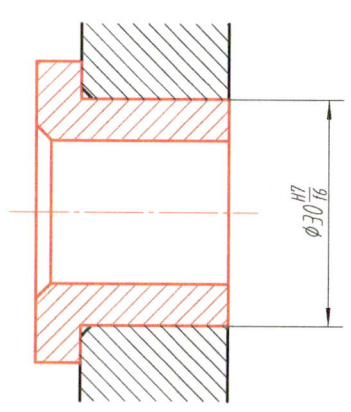

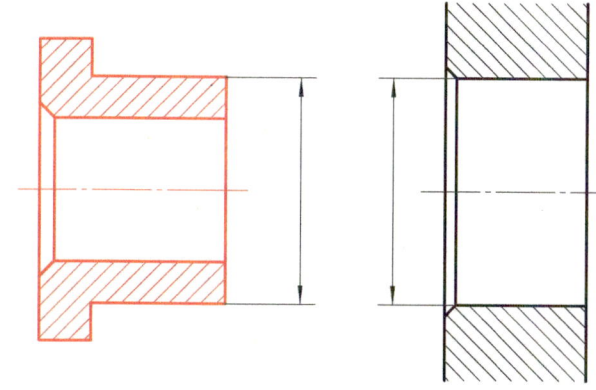

（1）轴套与孔，属于基_____制_____配合。

（2）公差等级：轴套为 IT_____，孔为 IT_____。

（3）基本偏差代号：轴套为_____，孔为_____。

6-17-2

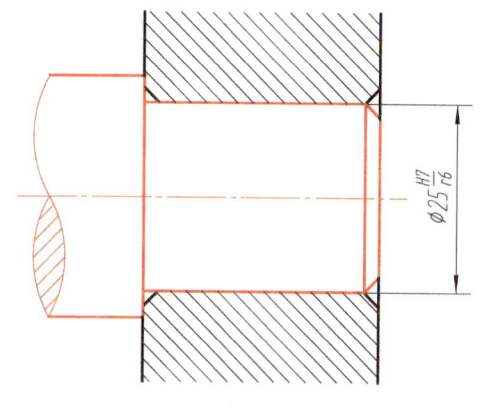

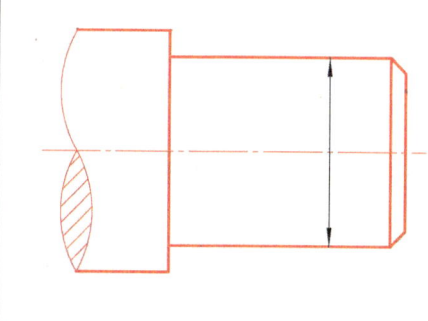 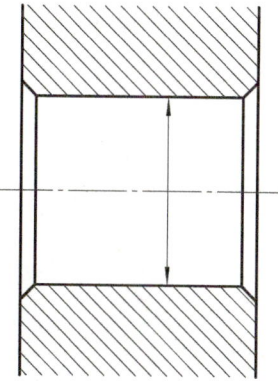

（1）轴与孔，属于基_____制_____配合。

（2）公差等级：轴为 IT_____，孔为 IT_____。

（3）基本偏差代号：轴为_____，孔为_____。

第七章 金属焊接图

7-1 回答下列问题

班级　　　姓名　　　学号

7-1-1 思考题。

（1）在金属焊接图样中，优先采用图示法还是焊缝符号表示法？_____

（2）完整的焊缝符号包括哪几项内容？_____
_____

（3）焊缝的"基本符号"表示焊缝_____的形式或特征。

（4）"补充符号"是必须要标出的吗？_____

（5）这些阿拉伯数字代表哪些焊接方法？111：_____、212：_____、311：_____、84：_____

（6）指引线箭头直接指向_____一侧，则将基本符号标在基准线的细实线上。

（7）_____时，可以在焊缝符号中标注尺寸。

（8）"焊脚尺寸"和"焊角尺寸"哪一个说法正确？_____

（9）"坡口角度"和"坡口面角度"表意相同吗？_____

（10）什么样的焊缝称为"双面焊缝"？_____
_____什么样的焊缝称为"对称焊缝"？_____
_____

7-1-2 写出下列符号的名称，并判断其类别（画√）。

符号	名　称	类　别	
		基本符号	补充符号
 ⋎			
○			
 ∨			
 ⌒			
‖			
⊏			
⋁			
 ▲			
Y			
 ⋀			

—— 122 ——

7-2 看图并回答问题

7-2-1 下列表示焊缝的视图和剖视图中，哪一幅是正确的？

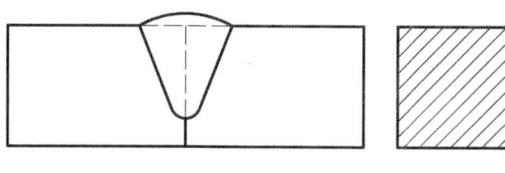
（正确、错误）
（1）

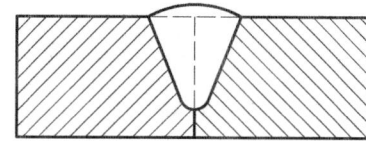
（正确、错误）
（2）

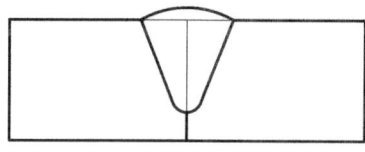
（正确、错误）
（3）

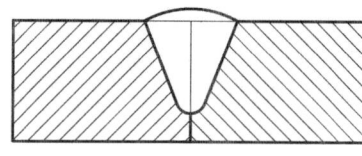
（正确、错误）
（4）

（正确、错误）
（5）

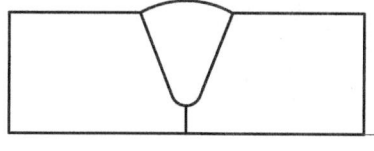
（正确、错误）
（5）

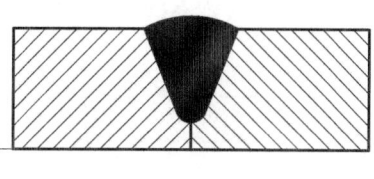
（正确、错误）
（6）

7-2-2 在下列两组标注焊缝符号的图形中，哪一幅是正确的？

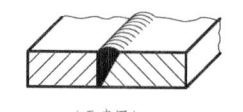
（示意图）

（1） （正确、错误）　　（2） （正确、错误）

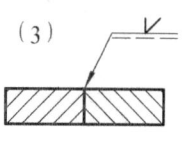
（3）（正确、错误）

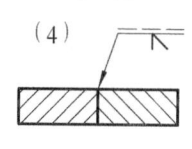
（4）（正确、错误）

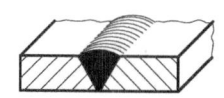
（示意图）

（5） （正确、错误）　　（6） （正确、错误）

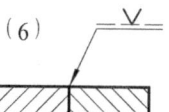

（7）（正确、错误）

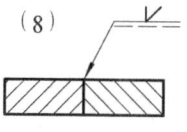
（8）（正确、错误）

— 123 —

7-3 判断焊缝符号标注正确与否

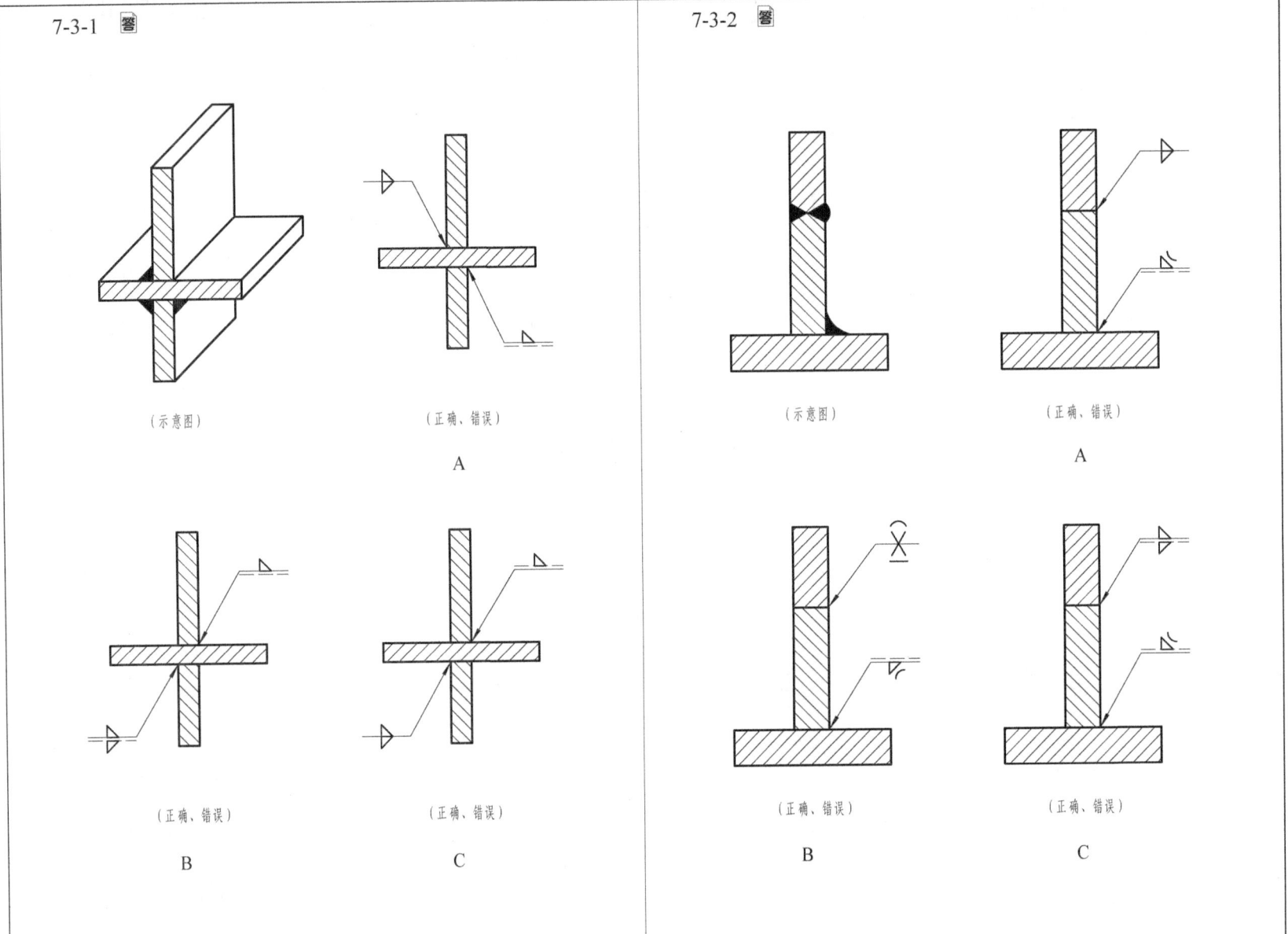

7-4 标注焊缝符号

7-4-1 标注焊缝符号。

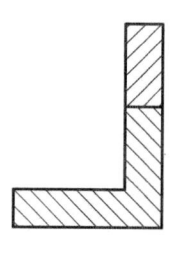

双面V形焊缝　　　带钝边单边V形焊缝
（坡口朝上）

7-4-2 角钢两外侧（上方和右侧）与底板在现场用焊条电弧焊进行焊接，$K=3$mm。试在图上画出焊缝，并标注焊缝符号。

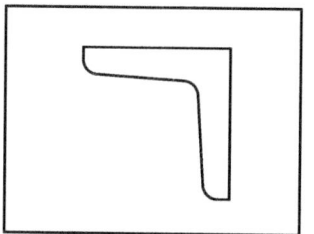

7-4-3 圆管外侧周围与底板焊接，焊接方法为氧乙炔焊，$K=4$mm。试在右侧视图中标注焊缝符号。

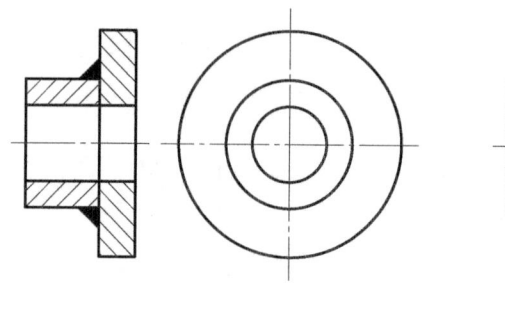

（主、左视图）　　　（标注焊缝符号）

7-4-4 图A所示焊缝为单面角焊缝，焊脚尺寸为4mm，其余尺寸如图A所示，试在图B中标注其焊缝符号。

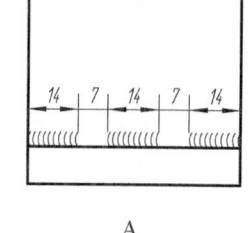 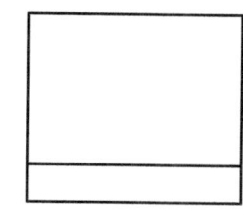

A　　　　　　　　B

7-5 焊缝画法及标注

7-5-1 根据左图中的焊缝符号，在右图中画出焊缝图形，并标注焊缝尺寸。

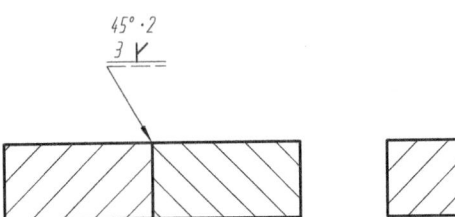

7-5-2 根据左图中的焊缝符号，在右图中画出焊缝图形，并标注焊缝尺寸。

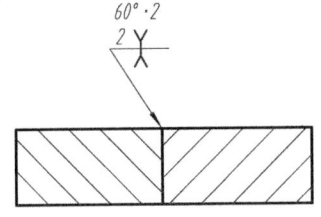
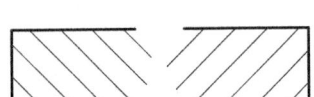

7-5-3 将焊缝符号表达的内容，用图示法表示出来。

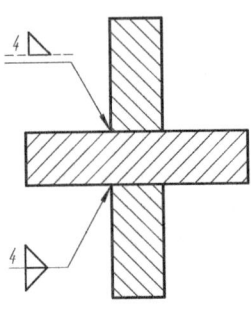

7-5-4 说明焊缝符号的含义。

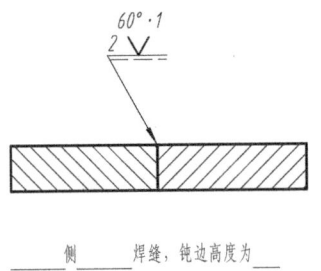
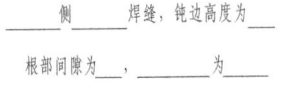

_____侧_____焊缝，钝边高度为_____

根部间隙为_____，_____为_____

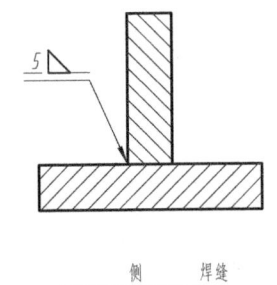

_____侧_____焊缝

焊脚尺寸为_____

第八章 焊接结构装配图的识读

8-1 回答下列问题

班级　　　姓名　　　学号

8-1-1 填空回答下列问题。

（1）＿＿＿＿＿＿是将各种经过轧制的金属材料及铸、锻件等坯料，采用焊接方法制成能承受一定载荷的金属结构。

（2）焊接结构的缺点主要有＿＿＿＿＿＿、对应力集中敏感和焊接接头上性能不均匀等。

（3）焊接结构种类繁多，现在通用的分类方法是根据其承载、工作条件和结构特征来分类，并将焊接结构分为板壳结构、桁架结构、＿＿＿＿＿＿、柱类结构和＿＿＿＿＿＿。

8-1-2 判断题（在括号内画√或画×）。

（1）焊接结构装配图一般由以下内容组成：一组图形、必要的尺寸、技术要求、零部件序号和明细栏以及标题栏等。（　）

（2）焊接结构与铆钉、螺栓联接、铸造、锻造等结构相比，具有焊接接头强度高、密封性好、成品率高、结构的变更和改型快等优点。（　）

（3）要求密闭的压力容器、锅炉、管道和桥式起重机的主梁，都属于板壳结构。（　）

8-1-3 填空回答下列问题。

（1）相邻两零件的接触面和配合面，只画＿＿＿＿条轮廓线。当相邻两零件有关部分的公称尺寸不同时，即使间隙很小，也要画出＿＿＿＿条线。

（2）同一零件在不同的视图中，剖面线的方向和间隔应＿＿＿＿＿＿，相邻两零件的剖面线，应有明显的＿＿＿＿＿＿。

（3）焊接结构装配图与一般装配图的不同之处在于：图中必须清楚地表示与＿＿＿＿＿＿问题，如坡口与接头形式、焊接方法、焊接材料型号和焊接及检验技术要求等。

8-1-4 选择、判断下列问题正确与否

（1）下列零件序号的排列方法哪个是正确的？（　）

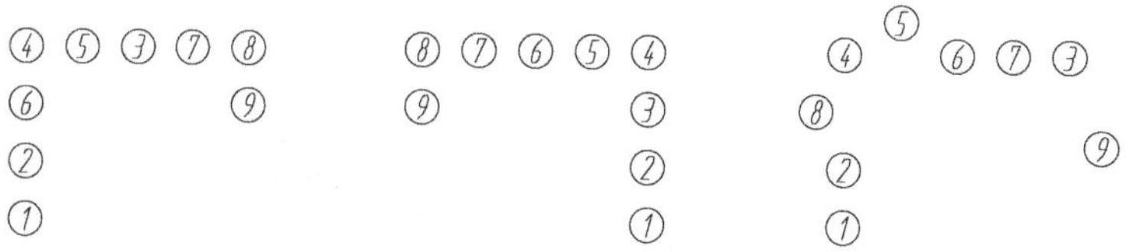

```
④ ⑤ ⑦ ⑧        ⑧ ⑦ ⑥ ⑤ ④        ④ ⑤ ⑥ ⑦
⑥                        ③                ⑧
②                ②                        ②                ⑨
①                ①                ①
     A                      B                         C
```

（2）识读焊接结构装配图的一般步骤主要包括：概括了解、分析视图、看懂焊接结构的焊缝形式和尺寸、分析尺寸和了解技术要求等内容。（　）

8-2 读焊接结构装配图，回答下列问题

8-2-1 读柴油机横梁焊接结构装配图（8-3），回答问题。

（1）该柴油机横梁由_____种构件焊接而成，分别是_____、_____、腹板、_____、隔板和_____。

（2）该柴油机横梁装配图由_____个基本视图组成，分别是_____、_____和_____。

（3）柴油机横梁焊接结构装配图中细虚线表示是构件_____的结构。

（4）由柴油机横梁的左视图可以看出，腹板厚度为_____mm，上盖板的宽度为_____mm。

（5）由柴油机横梁主视图中的焊缝形式与尺寸可知：上盖板与中间上盖板的连接采用的是_____焊缝，焊脚尺寸为_____；隔板的焊接采用的是焊脚尺寸为_____的周围角焊缝，且_____面带有焊缝；下盖板与腹板的焊接采用的是焊脚尺寸为_____的周围_____焊缝。

（6）在柴油机横梁焊接结构装配图中，长度方向的尺寸有__和_____，尺寸基准是_____。

8-2-2 读锅炉弯管接头焊接结构装配图（8-4），回答问题。

（1）锅炉弯管接头主要由___种构件焊接而成，分别是_____和_____，所用材料分别为_____和_____。

（2）锅炉弯管接头焊接结构装配图为了表达锅炉弯管的内外结构，采用了一个_____视图和_____局部剖视图。两处局部剖视图主要表达了管接与法兰、管接与虹吸管的连接形式。

（3）右侧粗实线表示虹吸管的轮廓。其中，管接与虹吸管之间的焊缝为周围角焊缝，焊脚尺寸为_____mm。

（4）由锅炉弯管接头焊接结构装配图可以看出，长度方向的尺寸基准为管接轴线，定位尺寸为_____mm；高度方向的尺寸基准为法兰的上端面，定位尺寸为_____mm。

（5）由锅炉弯管接头焊接结构装配图中的焊缝形式与尺寸可知：法兰的上端面与管接的连接采用的是周围焊缝，_____坡口，坡口角度为_____，且焊缝上表面要求_____。

（6）根据锅炉弯管接头焊接结构装配图，试说明下列焊接符号的含义：_____。

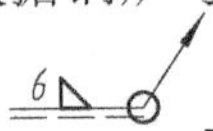

8-3 柴油机横梁焊接结构装配图

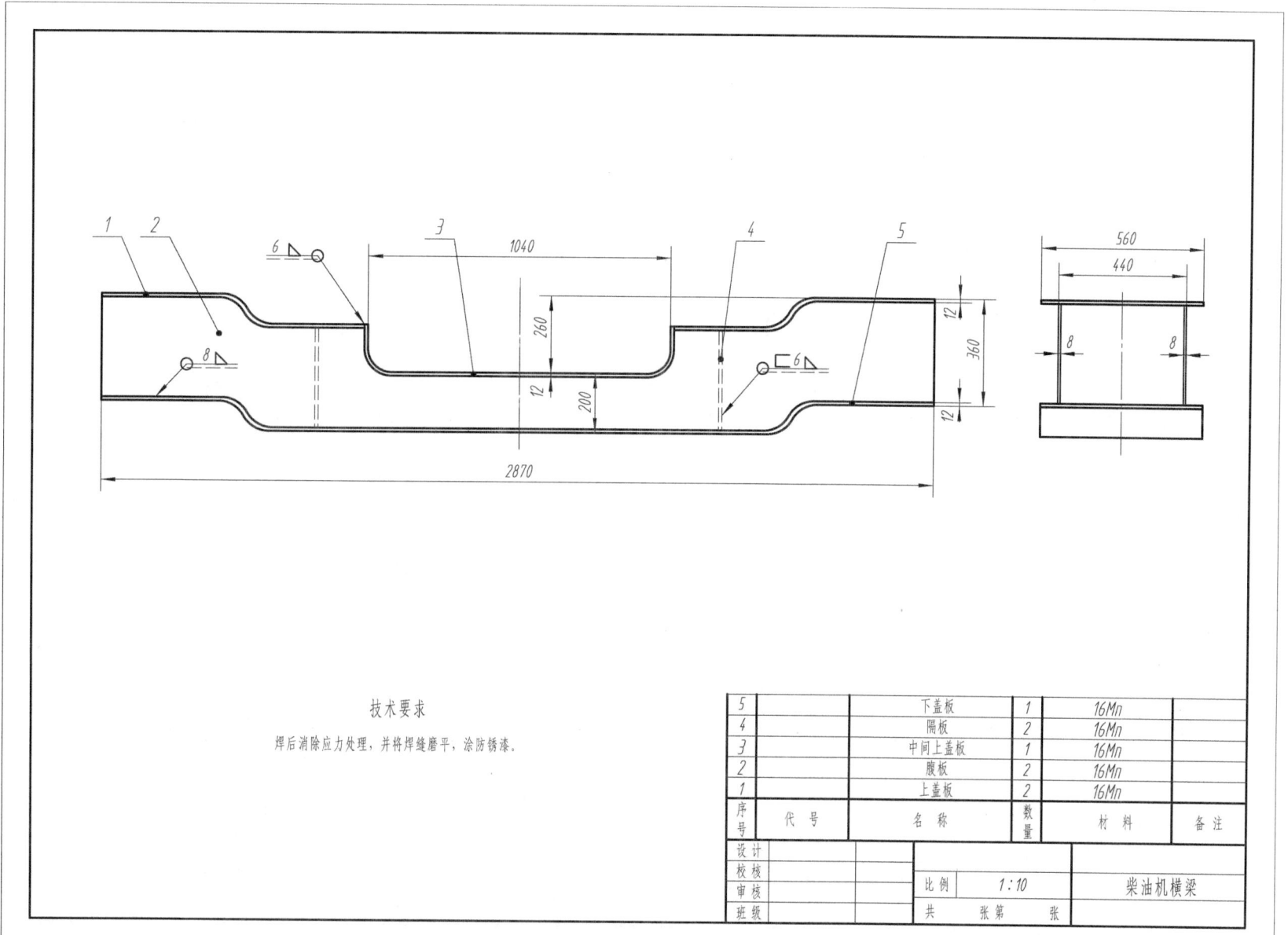

8-4 锅炉弯管接头焊接结构装配图

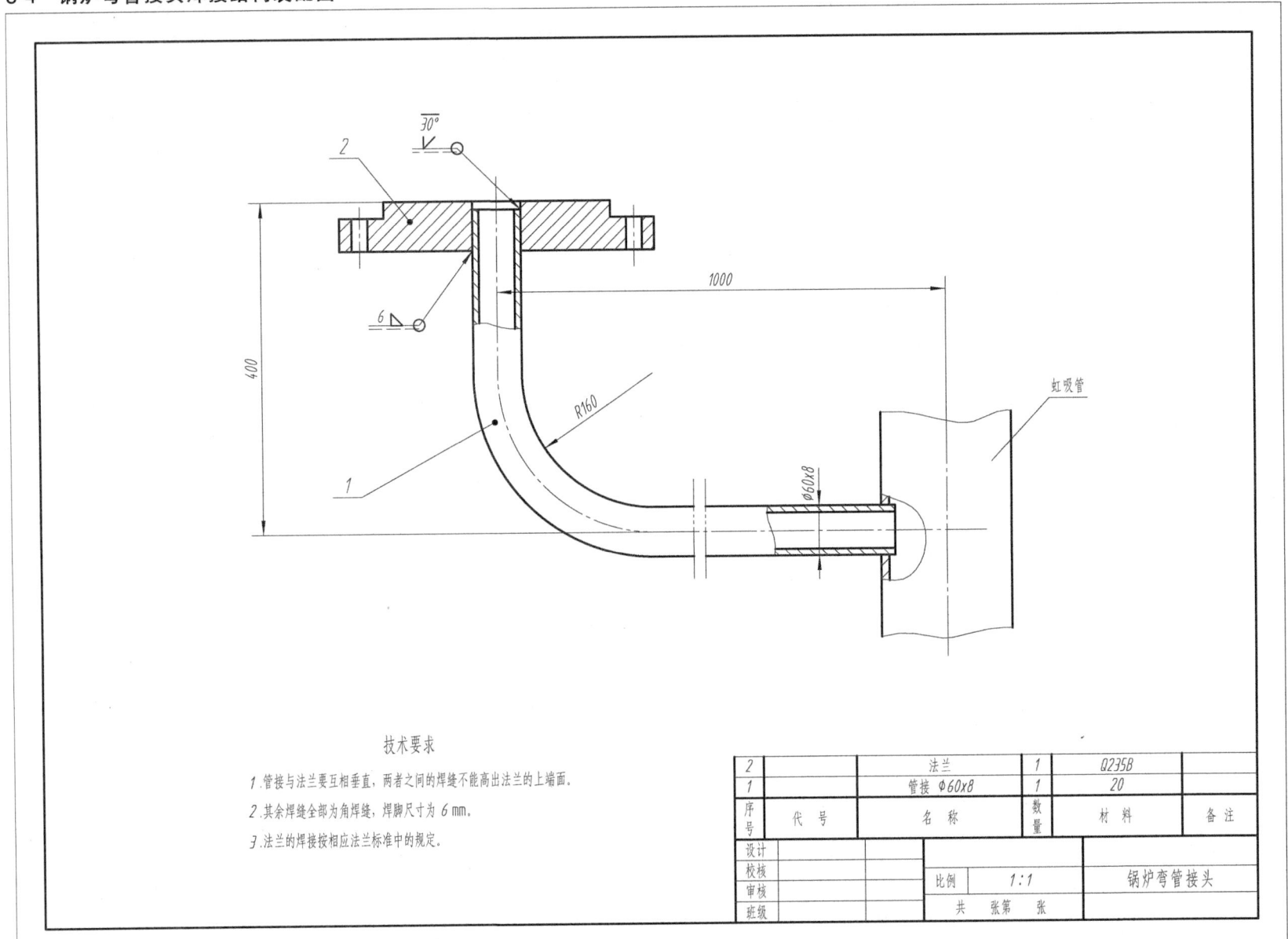

8-5 读锅炉后水冷壁下集箱焊接结构装配图（8-6）回答问题

班级　　姓名　　学号

8-5-1 回答下列问题。

（1）该锅炉后水冷壁下集箱主要由_____种构件焊接而成，分别是_____、_____、管接 φ25×3.5/ φ273、_____、管接 φ108×7/ φ273 和_____，绘图比例为_____。

（2）由锅炉后水冷壁下集箱焊接结构装配图的明细栏可知，集箱本体采用的材料是_____，而堵板采用的材料是_____。其中，管子 φ60×5 一共有_____根。

（3）该锅炉后水冷壁下集箱焊接结构装配图主要由_____个基本视图组成，分别是_____、_____ 和_____。其中，A—A 局部剖视图主要表达了集箱本体与_____、_____ 和_____的连接情况。

（4）由锅炉后水冷壁下集箱主视图中的焊缝形式与尺寸可知：_____与集箱本体的焊接采用焊脚尺寸为_____的_____焊缝，且相同焊缝的条数为_____条。

8-5-2 回答下列问题。

（1）由锅炉后水冷壁下集箱 A—A 视图中的焊缝形式与尺寸可知：管子与集箱本体的焊接采用焊脚尺寸为 6 的周围角焊缝，且相同焊缝的条数为 64 条。试说明另外两处焊缝符号的含义。

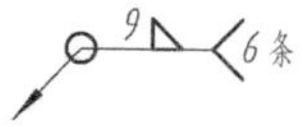

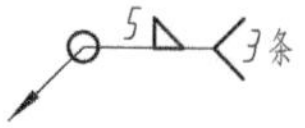

（焊缝符号：焊脚9，6条）
_____
_____

（焊缝符号：焊脚5，3条）
_____
_____

（2）由技术要求可知，集箱工作压力为_____MPa，试验压力为_____MPa；且焊缝长度每面必须超过圆周的_____。

（3）由锅炉后水冷壁下集箱焊接结构装配图可知，集箱本体的外径为_____，集箱的壁厚为_____。

8-6 锅炉后水冷壁下集箱焊接结构装配图

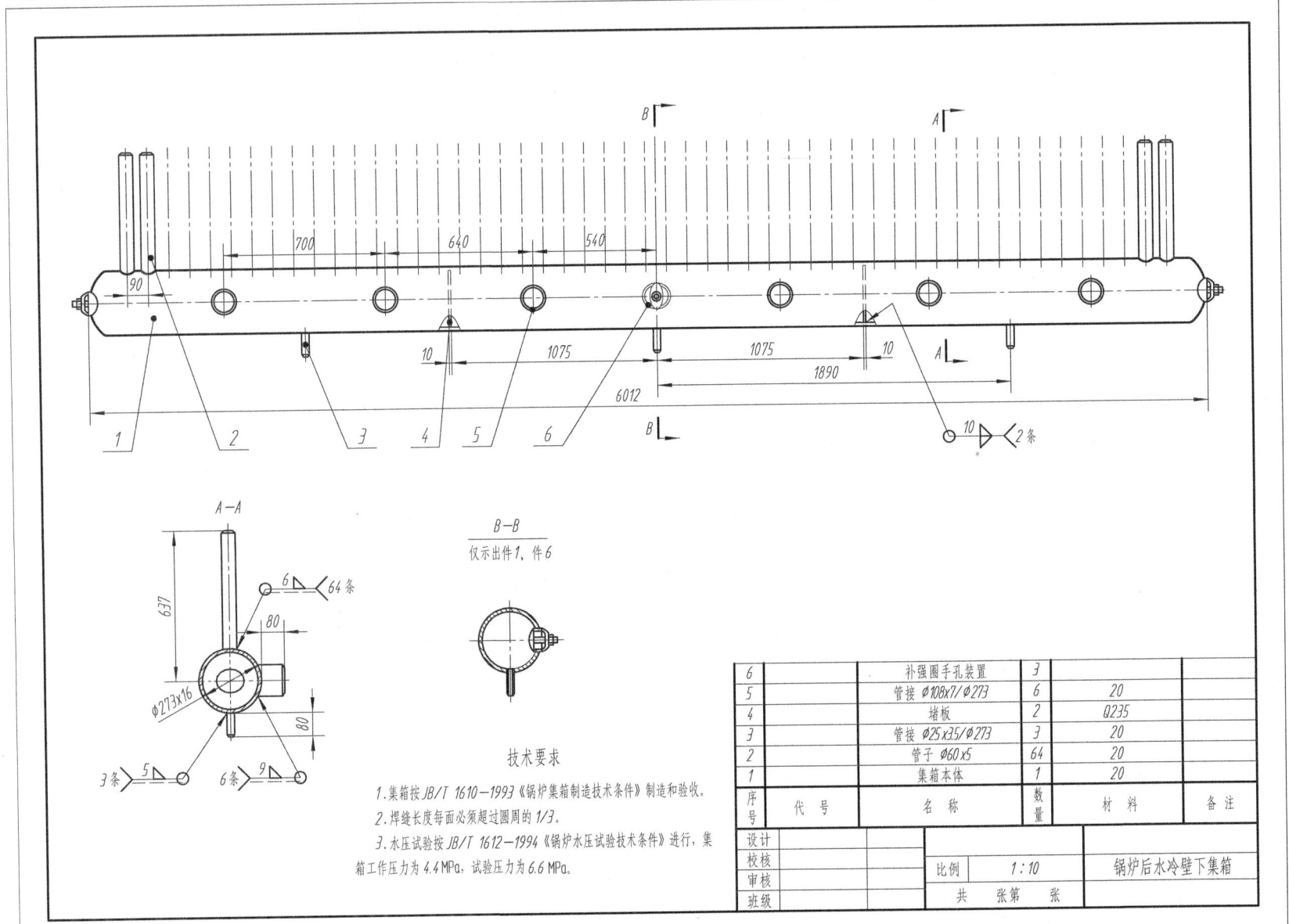

8-7 读缓冲器部件焊接结构装配图（8-8）回答问题

8-7-1 回答下列问题。

（1）该缓冲器部件主要由_____种构件焊接而成，绘图比例为_____。其中，筒体的材料为_____，肋板的材料为_____。

（2）该缓冲器部件焊接结构装配图主要由_____个基本视图组成，分别是_____和_____。其中，A—A 局部剖视图主要表达了_____、_____、_____和_____的外部形状和相对尺寸。

（3）由缓冲器部件主视图中的焊缝形式与尺寸可知：筒体与封头焊接采用钝边高度为_____，根部间隙为_____的_____焊缝，采用的焊接方法为_____和_____；加强板 12 与筒体的焊接采用的是_____焊缝，_____为 6mm，相同焊缝的条数为____条，并采用_____焊接方法。

（4）由技术要求可知，角焊缝要求_____表面探伤，所有焊缝要求_____。

8-7-2 缓冲器部件标题栏和明细栏。

19		支板	1	Q235A	
18		底板	1	Q235A	
17		肋板 234x110 t=8	2	Q235A	
16		加强板	1	Q235A	
15		管接	1	钢管 20	
14		肋板	2	Q235A	
13		肋板	2	Q235A	
12		加强板	1	Q235A	
11		封头	1	16MnR	
10		接头 M20x1.5	1	20	
9		筒体	1	16MnR	
8		管接	1	钢管 20	
7		封头	1	16MnR	
6		补强圈	1	16MnR	
5		肋板	4	Q235A	
4	GB/T 6170	螺母 M30	24		
3	GB/T 901	螺柱 M30x170	12		
2		垫圈	1	10	
1		法兰 64-200	3	20	
序号	代号	名称	数量	材料	备注

设计				
校核		比例	1:5	缓冲器部件
审核				
班级		共 张 第 张		

8-8 缓冲器部件焊接结构装配图

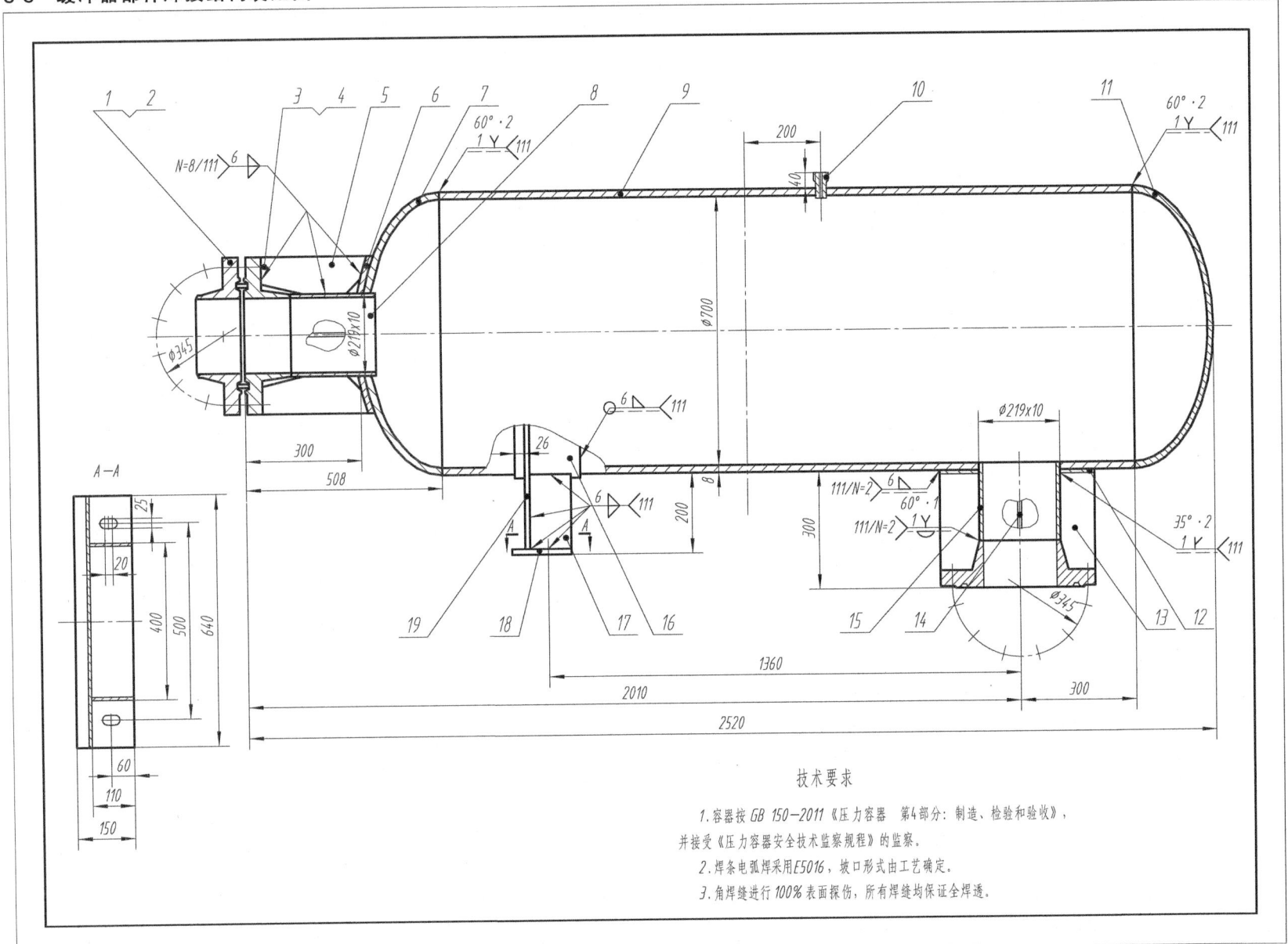

技术要求

1. 容器按 GB 150—2011《压力容器 第4部分：制造、检验和验收》，并接受《压力容器安全技术监察规程》的监察。
2. 焊条电弧焊采用 E5016，坡口形式由工艺确定。
3. 角焊缝进行 100% 表面探伤，所有焊缝均保证全焊透。

8-9 读吊车梁焊接结构装配图（8-10）回答问题

8-9-1 回答下列问题。

（1）该吊车梁由_____种构件焊接而成，分别是_____、_____、_____和_____。其中，构件"-610×100×10"的数量为_____。

（2）该吊车梁装配图由___个基本视图组成，分别是_____、_____和_____。其中 2—2 剖视图主要表达了构件"H700×300×12×20"与构件"-610×100×10"的外形结构、连接形式及尺寸。

（3）由吊车梁主视图中的焊缝形式与尺寸可知：构件"H700×300×12×20"的连接采用钝边高度为___，_____为2，坡口角度为_____的_____双面对接焊缝。

（4）由吊车梁 2—2 剖视图中的焊缝形式与尺寸可知：构件"H700×300×12×20"与构件"-610×100×10"的焊接所采用的是焊脚尺寸为_____的_____焊缝。

（5）由技术要求可知，吊车梁腹板与翼缘板焊接拼接应采用加引弧板的_____焊缝，引弧板割去处应打磨平整，焊缝质量等级为_____级。

8-9-2 根据吊车梁焊接结构装配图中的焊接符号，按1∶1的比例画出其焊缝图形，并标注焊缝尺寸。

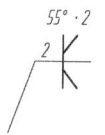

（焊接符号）

（焊接图形）

8-10 吊车梁焊接结构装配图

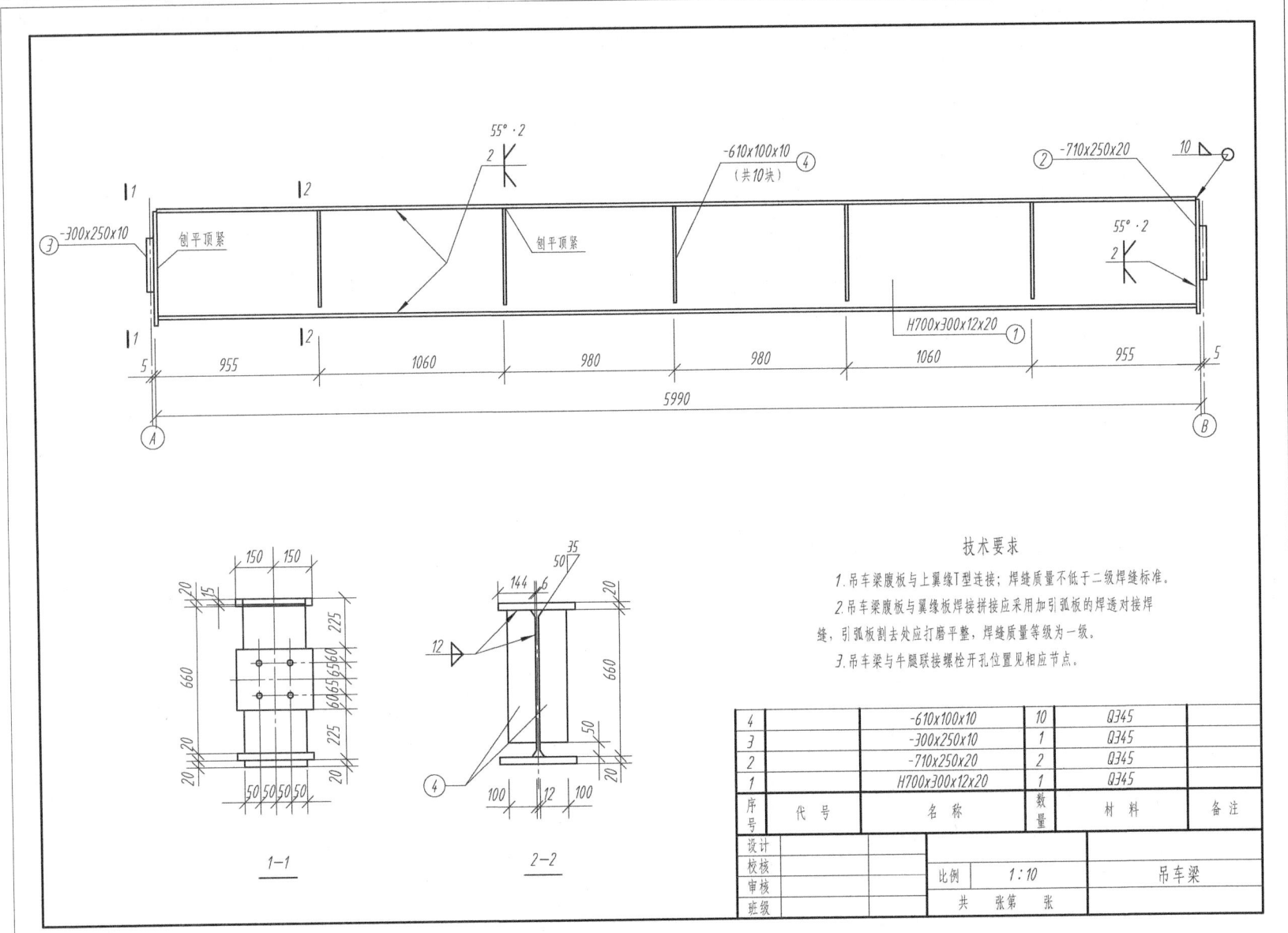

第九章　展　开　图

9-1　完成下列题目

9-1-1　回答下列问题。

（1）试述画展开图的目的是_____。

（2）画展开图采用何种比例？_____

（3）用直角三角形法求直线的实长时：如果直角三角形的一个直角边为水平投影，则另一直角边为同一线段的_____坐标差；如果直角三角形的一个直角边为正面投影，则另一直角边为同一线段的_____坐标差。

（4）当一点绕垂直于水平投影面（H面）的轴线旋转时，它的运动轨迹在水平投影面（H面）上的投影为_____，而在正面（V面）上的投影为平行于X轴的_____。

（5）当一点绕垂直于正面（V面）的轴旋转时，它的运动轨迹在正面（V面）上的投影为_____，而在水平投影面（H面）上的投影为平行于X轴的_____。

（6）用三角形法画展开图的作图原理，其核心就是把立体表面划分成_____。

9-1-2　判断下列几何体表面是否可展。

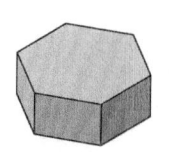

六棱柱

（可展、不可展）

圆柱

（可展、不可展）

圆球

（可展、不可展）

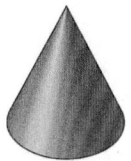

圆锥

（可展、不可展）

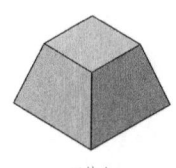

四棱台

（可展、不可展）

圆环

（可展、不可展）

9-2 完成下列题目

9-2-1 在H面上求直线AB的实长。

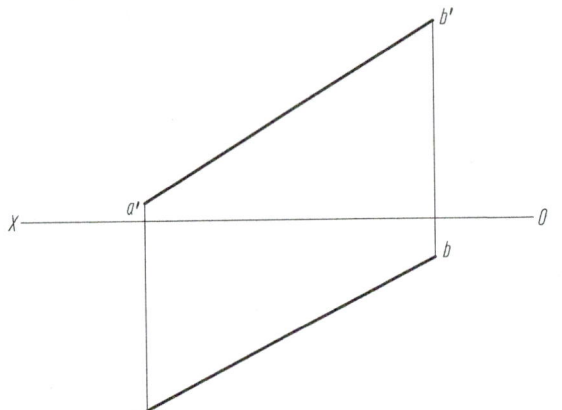

9-2-2 在V面上求直线AB的实长。

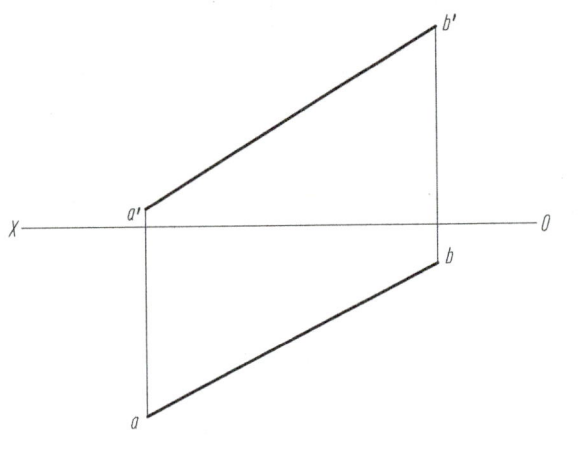

9-2-3 已知AB=50mm，求作a'b'。

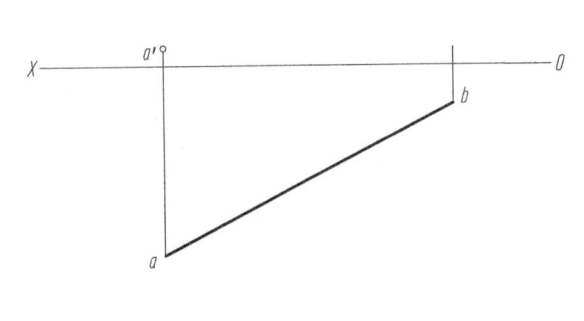

9-2-4 已知AB=50mm，求作ab。

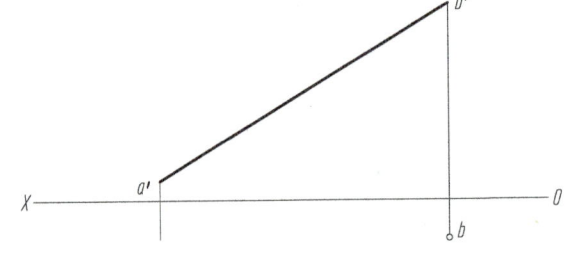

9-3 用旋转法求实长或实形

9-3-1 求直线 AB 的实长。

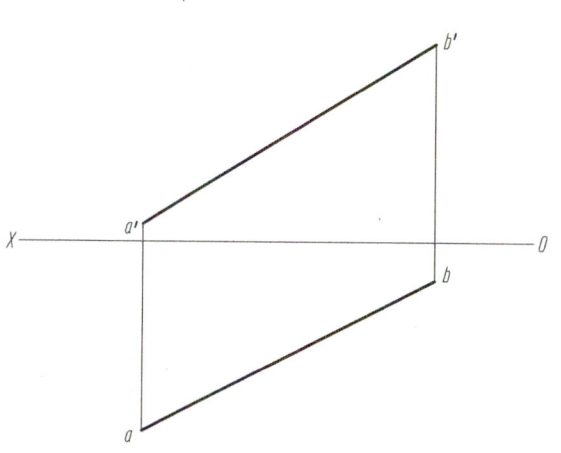

9-3-2 已知 $AB=50mm$，求作 $a'b'$。

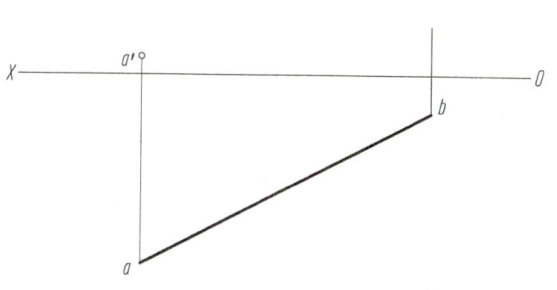

9-3-3 求 $\triangle ABC$ 的实形。

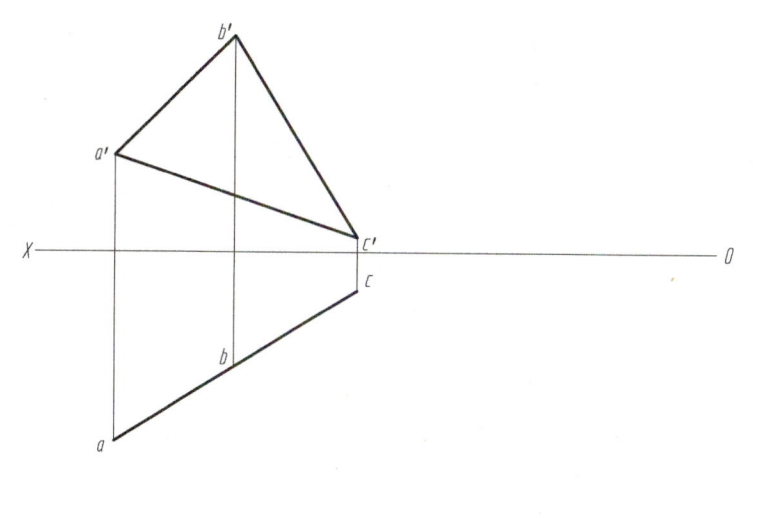

9-3-4 求正六棱柱被正垂面截切后截断面的实形。

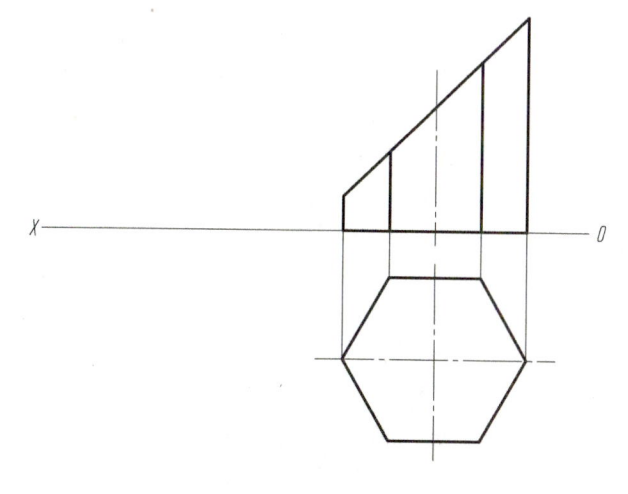

9-4 用旋转法求实长或实形（保留作图线）　　　　　　　班级　　　姓名　　　学号

9-4-1　求圆柱被正垂面截切后截断面的实形。

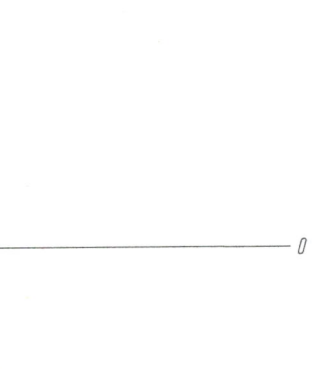

9-4-2　求五角星的实形。

9-4-3　求 SA、SB 两条直线的实长。

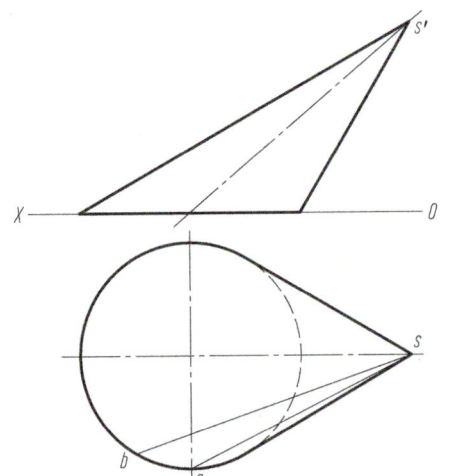

9-4-4　求正四棱台（一个）侧面的实形。

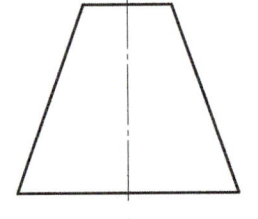

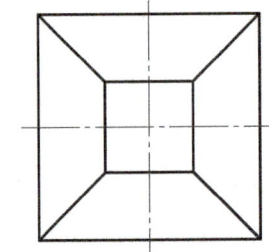

— 140 —

9-5 求作平面立体的表面展开图

班级　　姓名　　学号

9-5-1 求作斜截六棱柱管的表面展开图。

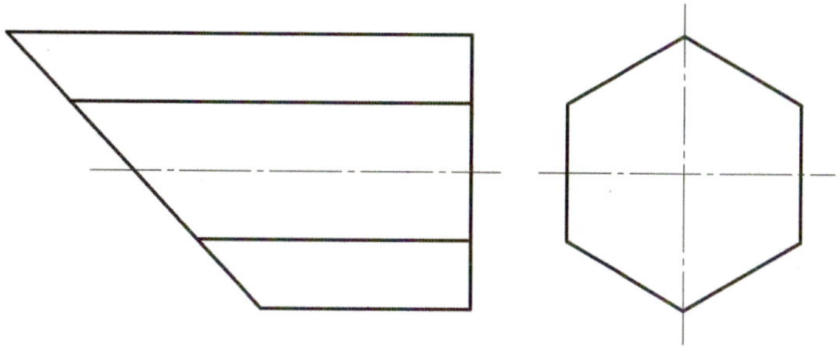

9-5-2 求作漏斗的表面展开图。

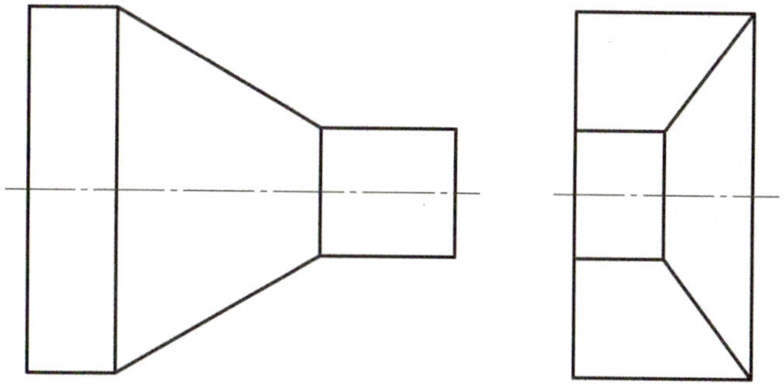

9-6 求作天圆地方的表面展开图（保留作图线）

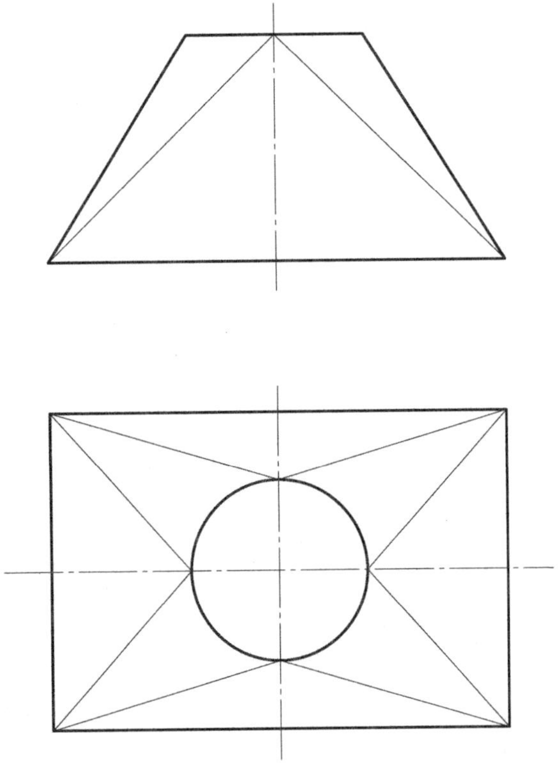

9-7 已知圆柱管与圆锥管相交，求作其表面展开图（保留作图线）

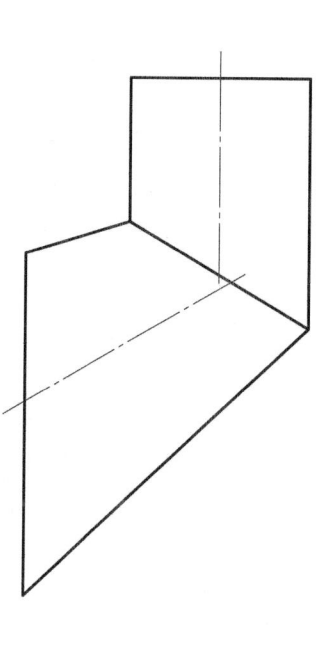

9-8 用简便展开法作正螺旋面的展开图

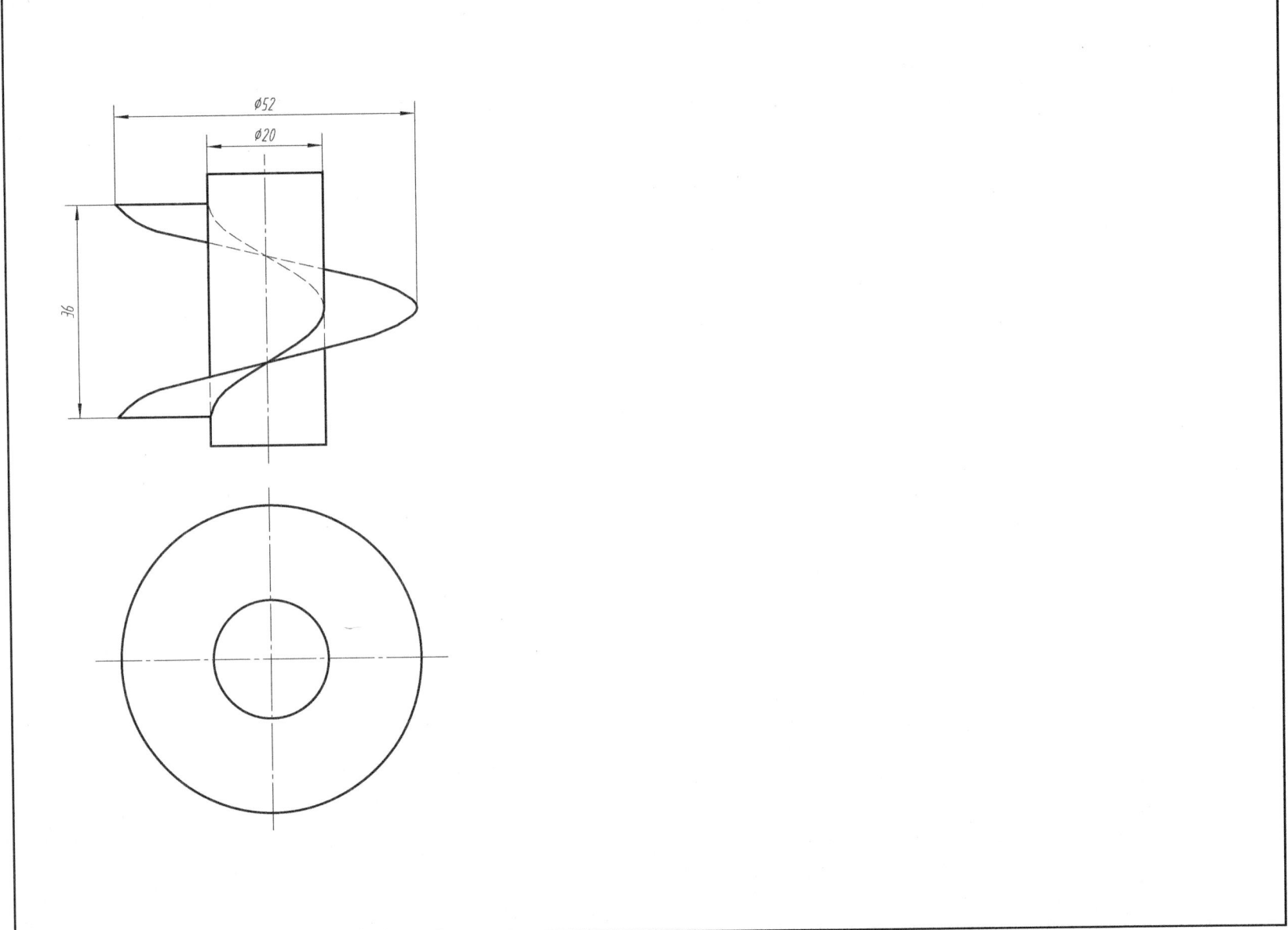

参 考 文 献

[1] 成大先. 机械设计手册 [M]. 6版. 北京：化学工业出版社，2017.
[2] 王槐德. 机械制图新旧标准代换教程 [M]. 3版. 北京：中国标准出版社，2017.
[3] 胡建生. 机械制图习题集 [M]. 北京：机械工业出版社，2019.
[4] 胡建生. 工程制图习题集 [M]. 6版. 北京：化学工业出版社，2018.
[5] 胡建生. 机械制图习题集（少学时）[M]. 4版. 北京：机械工业出版社，2020.

郑 重 声 明

机械工业出版社依法对本书享有专有出版权。任何未经许可的复制、销售行为,均违反《中华人民共和国著作权法》,其行为人将承担相应的民事责任和行政责任,构成犯罪的,将被依法追究刑事责任。

本书的配套资源《(焊工2版)焊工识图教学软件》中所有电子文件的著作权归本书作者所有,并受《中华人民共和国著作权法》及相关法律法规的保护;未经作者书面授权许可,任何人均不得复制、盗用、通过信息网络等途径进行传播。否则,相关行为人将承担民事责任和行政责任,构成犯罪的,将被依法追究刑事责任。